环境工程
基础实训

张　勤　主编

方善锋　邱　媛　刘春晓　参编

中国轻工业出版社

图书在版编目（CIP）数据

环境工程基础实训 / 张勤主编. —北京：中国轻工业
出版社，2024.1

ISBN 978-7-5184-4561-5

Ⅰ.①环… Ⅱ.①张… Ⅲ.①环境工程学 Ⅳ.①X5

中国国家版本馆 CIP 数据核字（2023）第 180118 号

责任编辑：陈 萍 责任终审：劳国强
文字编辑：王 宁 责任校对：朱燕春 封面设计：锋尚设计
策划编辑：陈 萍 版式设计：霸 州 责任监印：张 可

出版发行：中国轻工业出版社（北京鲁谷东街 5 号，邮编：100040）
印 刷：三河市万龙印装有限公司
经 销：各地新华书店
版 次：2024 年 1 月第 1 版第 1 次印刷
开 本：787×1092 1/16 印张：8
字 数：230 千字
书 号：ISBN 978-7-5184-4561-5 定价：49.00 元
邮购电话：010-85119873
发行电话：010-85119832 010-85119912
网 址：http://www.chlip.com.cn
Email：club@chlip.com.cn
如发现图书残缺请与我社邮购联系调换
221544J2X101ZBW

前言

　　"环境工程基础实训"是高等职业教育环境类专业学生学习完水污染防治工程、大气污染防治工程、固体废弃物资源化等专业必修理论基础后而设置的一门实训课。环境工程基础实训是环境类专业主要的实践环节，通过实训培养学生的实践动手能力，对实现人才培养目标发挥重要作用。

　　本教材内容分为四个模块，即模块一 生活、工业污水治理，模块二 大气污染治理，模块三 固体废弃物污染治理，模块四 环境噪声污染治理。每个模块包含若干项目，每个项目力求贴近生产实践。全书对环保领域的技术、工艺进行了重点介绍，着重突出实践能力的培养，是编者结合多年教学与实践经验的思考与总结。通过每个项目的实训原理、实训结果、数据测试分析及实训全过程，巩固和加深学生对环境工程基础相关理论及教科书重要章节概念的理解和认识。

　　环境工程基础实训的主要目的是帮助学生掌握水污染防治工程、大气污染防治工程、固体废弃物工艺技术等的基本实训技能，其中包括实训设计、实训操作、仪器设备的使用、数据的检测分析、实训报告的编写等综合技能的训练和培养。

　　本教材由张勤担任主编，参编人员有方善锋、邱媛、刘春晓。在书稿编写过程中参考并借鉴了国内高等职业教育教材及专业文献，在此向相关作者表示感谢！

张勤

2023 年 8 月

目录

03

模块三　固体废弃物污染治理 / 97

04

模块四　环境噪声污染治理 / 113

模块一

生活、工业污水治理

项目 1-1　自由沉淀实训

1. 实训背景

沉淀是指从液体中借重力作用去除固体颗粒的一种过程。根据液体中固体物质的浓度和性质，可将沉淀分为自由沉淀、絮凝沉淀、成层沉淀和压缩沉淀。

本实训研究污水中非絮凝性固体颗粒自由沉淀的规律，沉淀用沉淀管进行。设水深为 h，在 t 时间内能沉到 h 深度的颗粒的沉淀速度 $u=h/t$。根据给定的时间 t_0，计算出颗粒的沉淀速度 u_0。凡是沉淀速度等于或大于 u_0 的颗粒，在 t_0 时都可以全部去除。设原水中悬浮物浓度为 C_0（mg/L），则沉淀效率按式（1-1）计算。

$$E=\frac{C_0-C_t}{C_0}\times100\%　　　　　　　　　　（1-1）$$

式中　E——沉淀效率，%；

　　　C_0——原水中悬浮物浓度，mg/L；

　　　C_t——经 t 时间后，污水中残存的悬浮物浓度，mg/L。

在 t 时能沉到 h 深度的颗粒的沉淀速度按式（1-2）计算。

$$u=\frac{h\times10}{t\times60}　　　　　　　　　　（1-2）$$

式中　u——沉淀速度，mm/s；

　　　h——取样口深度，cm；

　　　t——沉淀时间，min。

2. 实训目的

① 掌握颗粒自由沉淀实训的方法。

② 进一步了解和掌握自由沉淀规律，根据实训结果绘制沉淀效率-时间（E-t）、沉淀效率-沉淀速度（E-u）和未去除悬浮物的比例-沉淀速度 $[（C_t/C_0）-u]$ 的关系曲线。

3. 实训条件

（1）装置

自由沉淀实训装置如图 1-1 所示。

（2）设备和仪表仪器

① 沉淀管，配水箱，水泵，搅拌装置等。

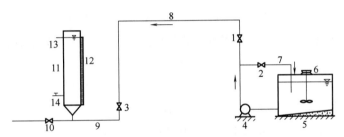

　1，3—配水管上闸门；　2—水泵循环管上闸门；　4—水泵；　5—配水箱；　6—搅拌机；　7—循环管；
　8—配水管；　9—进水管；　10—放空管闸门；　11—沉淀管；　12—标尺；　13—溢流管；　14—取样器。

图 1-1　自由沉淀实训装置

② 秒表，皮尺。

③ 测定悬浮物的设备，包括分析天平，称量瓶，烘箱，滤纸，漏斗，漏斗架，量筒，烧杯等。

④ 污水水样，采用高岭土配制。

4. 实训操作过程

① 将一定量的高岭土投入配水箱中，开动搅拌机，充分搅拌。

② 取水样 200mL（测定悬浮物浓度为 C_0）并且确定取样管内取样口位置。

③ 启动水泵将混合液打入沉淀管到一定高度，停泵并停止搅拌机，记录高度值。

④ 开动秒表，开始记录沉淀时间。当时间为 1，3，5，10，15，20，40，60min 时，在取样口分别取水 200mL，测定悬浮物浓度（C_t）。

⑤ 每次取样应先排出取样口中的积水，减小误差。在取样前和取样后皆需测量沉淀管中液面至取样口的高度，计算时取二者的平均值。

⑥ 测定每一沉淀时间水样的悬浮物浓度。首先调烘箱至（105±1）℃，叠好滤纸放入称量瓶中，打开盖子，将称量瓶放入 105℃ 烘箱中至恒重，称重。然后将恒重后的滤纸取出放在玻璃漏斗中，过滤水样，并用蒸馏水冲净，使滤纸上得到全部悬浮性固体。最后将带有滤渣的滤纸移入称量瓶中，烘干至恒重并称重。

⑦ 悬浮物浓度按式（1-3）计算。

$$C = \frac{(m_2 - m_1) \times 1000 \times 1000}{V} \tag{1-3}$$

式中　C——悬浮物浓度，mg/L；

　　　m_1——称量瓶质量+滤纸质量，g；

　　　m_2——称量瓶质量+滤纸质量+悬浮物质量，g；

　　　V——水样体积，mL。

5. 实训数据记录与整理

① 根据不同沉淀时间取样口距液面的平均深度 h 和沉淀时间 t，计算出各种颗粒的沉淀速

度 u 和沉淀效率 E，并绘制沉淀效率–沉淀时间和沉淀效率–沉淀速度的关系曲线。

② 不同 t 时，沉淀管内未被去除的悬浮物的百分比，按式（1-4）计算。

$$P = \frac{C_t}{C_0} \times 100\% \tag{1-4}$$

式中　P——沉淀管内未被去除的悬浮物的百分比，%；

　　C_t——经 t 时间后，污水中残存的悬浮物浓度，mg/L；

　　C_0——原水中悬浮物浓度，mg/L。

③ 以颗粒沉淀速度 u 为横坐标，P 为纵坐标，绘制 P-u 关系曲线。

6. 实训结果讨论

① 沉淀实训对实际工程有何指导意义？

② 本实训中哪些因素对实训结果影响较大？该如何改进？

项目 1-2　原水颗粒分析实训

1. 实训背景

原水颗粒分析实训主要测定水中颗粒粒径的分布情况。水中悬浮颗粒的去除不仅与原水悬浮物数量或浊度大小有关，而且还与原水颗粒粒径的分布有关。粒径越小，越不易去除，因此颗粒分析实训对选择给水处理构筑物及投药量都是十分重要的。

原理：100μm 以下的泥沙颗粒沉降时雷诺数小于 1，已知水温、沉速，可用 stokes 公式求出粒径，按式（1-5）计算。

$$u = \frac{g}{18v}(S_s - 1)d^2 \tag{1-5}$$

式中　u——颗粒的沉淀速度，m/s；

　　v——水的运动黏度，m^2/s；

　　S_s——颗粒的相对密度；

　　g——重力加速度，9.8m/s^2；

　　d——粒径，m。

玻璃瓶中装待测颗粒分析的浑水（浊度已知），摇匀后，用虹吸管在瓶中某一固定位置每隔一定时间取一个水样。取样点处颗粒最大粒径是逐渐减小的，因此浊度也是逐渐降低的。根据沉淀时间及沉淀距离可以求出沉淀速度 u，已知水温、沉淀速度，可以求出取样点处颗粒的最大粒径。取样时，粒径大于该最大粒径的颗粒都已沉至取样点下面，小于该最大粒径的颗粒每单位体积的颗粒数与沉淀开始相比，基本不变（因粒径一定，水温相同则沉淀速度不变，沉下去的颗粒可由上面沉下来的颗粒补充）。由沉淀过程中取样点浊度的变化，即可求出小于某一粒径的颗粒质量占全部颗粒质量的百分数。

2. 实训目的
① 学会用一般设备测定颗粒粒径分布的方法。
② 加深对自由沉淀及 stokes（斯托克斯）公式的理解。

3. 实训条件
（1）装置
重力沉降法测粒径装置如图 1-2 所示。
（2）设备和仪表仪器
① 10L 玻璃瓶 1 个，200mL 烧杯 1 个。
② 虹吸管 1 个，洗耳球 1 个。
③ 水位尺 1 支，秒表 1 块，温度计 1 支。
④ 光电浊度仪，1 台。

4. 实训操作过程
① 将已知浊度的浑水装入 10L 玻璃瓶中，水面接近玻璃瓶直壁的顶部。
② 将玻璃瓶中的水摇匀，立即将瓶塞盖好。虹吸取样管及温度计固定在瓶塞上，盖好瓶塞的同时，取样点的位置也就确定了。
③ 盖好瓶塞后，每隔一定时间用虹吸管取水样，即 0min，1min，2min，5min，15min，30min，1h，2h，4h，8h（时间都从开始沉淀算起）时取水样，测浊度。
④ 每次取样前记录水面至取样点的距离，记水温。

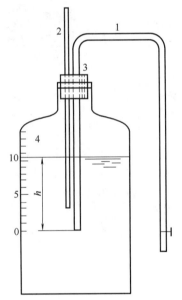

1—虹吸管； 2—温度计；
3—通气孔； 4—水位尺。

图 1-2 重力沉降法测粒径装置

5. 注意事项
① 配制浑水的浊度宜小于 100 度，不必用蒸馏水稀释，浊度仪一次就能量出浊度。
② 虹吸管取样时，应先放掉虹吸管内的少量存水（约 20mL），然后取样。每次取水样的体积，够测浊度即可。
③ 取样点离瓶底距离不要小于 10cm，以免取样时将瓶底沉泥吸取；也不要大于 15cm，大于 15cm 时，可能满足不了多次取水样的需要。
④ 用洗耳球吸取虹吸管内的空气时，只能吸气，不能把空气鼓入瓶中，把沉淀水搅浑。

6. 实训数据记录与整理

① 计算每次取样时的平均沉淀速度 u。

② 计算自沉淀开始至每次取样这段时间的平均水温。

③ 查各水温时水的运动黏度 v。

④ 求每次所取水样的最大粒径 d。

⑤ 计算每次取样时粒径小于该最大粒径的颗粒质量占原水中全部颗粒质量的百分数。

⑥ 以对数格粒径 d 为横坐标，以普通格小于某一粒径颗粒质量百分数为纵坐标，绘制颗粒分析曲线。

将各数据记录在如表 1-1 所示的表格中。

表 1-1　　　　　　原水颗粒分析记录（表格中的数字系某水样的实训数据）

静沉时间	取水样时间	沉淀距离 h/cm	平均沉淀速度 u/（cm/s）	沉淀过程中的平均水温/℃	t℃时的 v 值/（10^{-4}m/s）	所取水样的最大粒径 d/μm	所取水样的浊度	小于该粒径颗粒所占的百分数/%
0min	8：00	13.3	—	—	—	—	30.2	—
1min	8：01	12.8	0.213	20	0.0101	49	28	92.7
2min	8：02	12.3	0.103	—	—	34	27.3	90.4
5min	8：05	11.8	3.93×10^{-2}	20	0.0101	21	26.8	88.7
15min	8：15	11.3	1.26×10^{-2}	—	—	11.9	26.6	88.1
30min	8：30	10.8	6.00×10^{-2}	—	—	8.2	26.3	87.1
1h	9：00	10.3	2.86×10^{-2}	20	0.0101	5.7	24.4	80.8
2h	10：00	—	—	—	—	—	—	—
4h	12：00	—	—	—	—	—	—	—
8h	16：00	9	3.13×10^{-4}	20	0.0101	1.9	10.9	36.1

7. 实训结果讨论

① 粒径小于 IPI 粒子的颗粒，能否用这种方法测粒径？浑水浊度为 10000 度时能否用这种方法测粒径？

② 对本实训有何改进意见？

项目 1-3 过滤实训

1. 实训背景

过滤是具有孔隙的物料层截留水中杂质从而使水变澄清的工艺过程。常用的过滤方式有砂滤、硅藻土涂膜过滤、烧结管微孔过滤、金属丝编织物过滤等。过滤不仅可以去除水中细小悬浮颗粒杂质，而且细菌病毒及有机物也会随浊度降低而被去除。本实训按照实际滤池的构造情况，内装石英砂滤料或陶瓷滤料，利用自来水进行清洁砂层过滤和反冲洗实训。

2. 实训目的

① 掌握清洁砂层过滤时水头损失计算方法和水头损失变化规律。
② 掌握反冲洗滤层时水头损失计算方法。

3. 实训条件

（1）装置

本实训采用如图 1-3 所示的装置。过滤和反冲洗的水来自高位水箱。高位水箱的尺寸（图中未注出）为 2m×1.5m×1.5m，高出地面 10m。

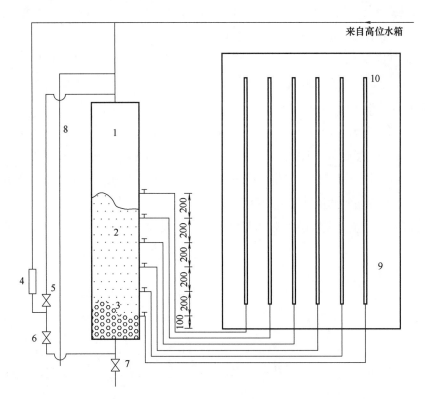

1—过滤柱；　2—滤料层；　3—承托层；　4—转子流量计；　5—过滤进水阀门；　6—反冲
洗进水阀门；　7—过滤出水阀门；　8—反冲洗出水管；　9—测压板；　10—测压管。

图 1-3　过滤实训装置

（2）设备和仪表仪器

① 过滤柱，有机玻璃制，直径 100mm，长度 2000mm，1 根。

② 转子流量计，LZB-25 型，1 个。

③ 测压板，尺寸 3500mm×500mm，1 块。

④ 测压管，玻璃管制，直径 10mm，长度 1000mm，6 根。

⑤ 筛子，孔径 0.2~2mm，中间不少于 4 挡，1 组。

⑥ 1000mL 和 100mL 量筒各 1 个。

4. 实训操作过程

（1）清洁砂层过滤水头损失实训步骤

① 开启阀门 6 冲洗滤层 1min。

② 关闭阀门 6，开启阀门 5 和阀门 7 快滤 5min 使砂面保持稳定。

③ 调节转子流量计，使出水流量约 50L/h，待测压管中水位稳定后，记下滤柱最高最低两根测压管中水位。

④ 增大过滤水量，使过滤流量依次为 100，150，200，250，300L/h，分别测出滤柱最高最低两根测压管中水位，并记录。

⑤ 量出滤层厚度 L。

⑥ 按步骤①~⑤，重复做两次。

（2）滤层反冲洗实训步骤

① 量出滤层厚度 L_0，慢慢开启反冲洗进水阀门 6，调整反冲洗转子流量计为 250L/h，使滤料刚刚膨胀起来，待滤层表面稳定后，记录反冲洗流量和滤层膨胀后的厚度 L。

② 开大反冲洗转子流量计，变化反冲洗流量依次为 500，750，1000，1250，1500L/h。按步骤①测出反冲洗流量和滤层膨胀后的厚度 L。

③ 改变反冲洗流量直至砂层膨胀率达 100%。测出反冲洗流量和滤层膨胀后的厚度 L，并记录。

④ 重复做两次。

5. 注意事项

① 反冲洗滤柱中的滤料时，不要使进水阀门开启度过大，应缓慢打开以防滤料冲出柱外。

② 在过滤实训前，滤层中应保持一定水位，不要把水放空，以免过滤实训时测压管中积存空气。

③ 反冲洗时，为了准确地量出砂层厚度，一定要在砂面稳定后再测量。

6. 实训数据记录与整理

（1）清洁砂层过滤水头损失结果整理

① 将过滤时所测流量、测压水头填入表 1-2 中。

表 1-2 清洁砂层水头损失实训记录

序号	测定次数	滤速		实测水头损失		
		$(Q/W)/$ (cm/s)	$(36Q/W)/$ (m/h)	测压管水头/cm		$h=h_b-h_a$
				h_b	h_a	
1	1					
	2					
	3					
	平均					
2	1					
	2					
	3					
	平均					
3	1					
	2					
	3					
	平均					
4	1					
	2					
	3					
	平均					
5	1					
	2					
	3					
	平均					
6	1					
	2					
	3					
	平均					

注：h_b 为最高测压管水位；h_a 为最低测压管水位。

② 以流量 Q 为横坐标，水头损失为纵坐标，绘制实训曲线。

（2）滤层反冲洗结果整理

① 将反冲洗流量变化情况、膨胀后砂层厚度填入表 1-3 中。

② 以反冲洗强度为横坐标，砂层膨胀度为纵坐标，绘制实训曲线。

7. 实训结果讨论

① 试解释滤料级配和孔隙度。

② 本实训存在什么问题？该如何改进？

表 1-3　　　　　　　　　　　　　　　滤层反冲洗实训记录

序号	测定次数	反冲洗流量 $Q/(mL/s)$	反冲洗强度 $S/(cm/s)$	膨胀后砂层厚度 L/cm	砂层膨胀度 $e = \dfrac{L-L_0}{L_0} \times 100\%$
1	1				
	2				
	3				
	平均				
2	1				
	2				
	3				
	平均				
3	1				
	2				
	3				
	平均				
4	1				
	2				
	3				
	平均				
5	1				
	2				
	3				
	平均				
6	1				
	2				
	3				
	平均				

注：反冲洗前滤层厚度 $L_0 = \underline{\hspace{2cm}}$ cm。

项目 1-4　过滤和反冲洗实训

1. 实训背景

快速过滤池滤料层能截留粒径远比滤料孔隙小的水中杂质，主要通过接触絮凝作用，其次为筛滤作用和沉淀作用。要想过滤出水水质好，除了滤料组成须符合要求外，沉淀前或滤前投加混凝剂也是必不可少的。

当过滤水头损失达到最大允许水头损失时，滤池需进行冲洗。少数情况下，虽然水头损失未达到最大允许值，但如果滤池出水浊度超过规定，也需进行冲洗。冲洗强度需满足底部滤层恰好膨胀的要求。根据运行经验，冲洗排水浊度降至 $10 \sim 20$ 度以下时可停止冲洗。

高速水流反冲洗是最常用的一种形式，反冲洗效果通常由滤层膨胀率 e 来控制，按式 (1-6) 计算。

$$e = \frac{L-L_0}{L_0} \times 100\% \tag{1-6}$$

式中　L——砂层膨胀后的厚度，cm；

　　　L_0——砂层膨胀前的厚度，cm。

实训研究当 e 为 25% 时反冲洗效果即可认为最佳。

2. 实训目的

① 熟悉普通快滤池过滤、冲洗的工作过程。

② 加深对滤速、冲洗强度、滤层膨胀率、初滤水浊度变化、冲洗强度与滤层膨胀率关系以及滤速与清洁滤层水头损失关系的理解。

3. 实训条件

（1）装置

过滤与反冲洗装置如图 1-4 所示。

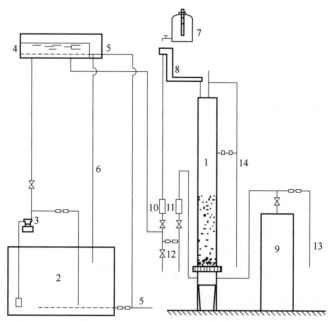

1—滤柱；　2—原水水箱；　3—水泵；　4—高位水箱；　5—空气管；　6—溢流管；　7—定量投药瓶；

8—药水混合器；　9—清砂箱；　10—滤柱进水转子流量计；　11—冲洗水转子流量计；

12—自来水管；　13—初滤水排水管；　14—冲洗水排水管。

图 1-4　过滤与反冲洗装置

（2）设备和仪表仪器

① 过滤与反冲洗装置。

② 测定浊度的仪器及药品。

③ 200mL 烧杯 6 个，取水样测浊度用。

④ 50mL 和 100mL 量筒各 6 个，秒表 2 块。

⑤ 原水自配。

4. 实训操作过程

① 关闭反冲洗来水，开滤池出水，让水面下降到砂层上 10~20cm 处，关闭出水。打开原水进水阀，待水位达到溢流高度，再开滤池出水，进水流量为 60L/h 左右，调节出水阀使滤池进水稍有溢流，以保持滤池进水水位恒定。此时记录各点测压管的水位。

② 每隔半小时测进水、出水浊度和各测压管水位。运行 1.5~2h 后即可停止滤池工作，并进行反冲洗。观察冲洗水浊度变化情况。

5. 注意事项

① 熟悉实训设备，包括冲洗来水、排水的管路系统，转子流量计等。

② 用自来水对滤料层进行反冲洗，测量一定流量（400，500，600，700，800，900L/h）下滤料的膨胀率。

6. 实训数据记录与整理

① 实测并绘制实训设备草图。

② 计算并将数据记录在表 1-4 和表 1-5 中。

日期：_____　　　　滤池号：_____

滤池直径：_____　　　　断面面积：_____

原水：_____　　　　pH：_____

平均水温度：_____　　　　平均流速：_____

③ 绘制过滤时滤料层水头损失与时间的关系曲线。

④ 绘制过滤效率与时间的关系曲线。

⑤ 绘制滤层膨胀率与冲洗强度的关系曲线。

⑥ 记录实训过程中的心得及存在问题。

7. 实训结果讨论

① 不同滤速对过滤效果的影响是什么样的？

② 影响过滤效果的因素和提高过滤效果的措施有哪些？

表 1-4　　　　　　　　　　　滤池反冲洗实训记录

时间/min	砂层膨胀率/%	冲洗水温度/℃	冲洗水流量/(L/h)	冲洗水强度/(L/m²)	冲洗排水浊度	备注
			400			
			500			
			600			
			700			
			800			
			900			

表 1-5　　　　　　　　　　　原水过滤实训记录

时间/min	流量/(L/h)	滤速/(m/h)	原水浊度	出水浊度	水位/cm								备注
					滤池水面	滤层1	滤层2	滤层3	滤层4	滤层5	滤层6	滤池出水	

项目 1-5　活性炭吸附实训

1. 实训背景

活性炭处理工艺是运用吸附的方法来去除异味、某些离子以及难以进行生物降解的有机污染物。在吸附过程中，活性炭的比表面积起着主要作用。同时，被吸附物质在溶剂中的溶解度也直接影响吸附的速度。此外，pH 的高低、温度的变化和被吸附物质的分散程度也对吸附速度有一定影响。活性炭对水中所含杂质的吸附既有物理吸附现象，也有化学吸着作用。有一些被吸附物质先在活性炭表面上积聚浓缩，继而进入固体晶格结构中的原子或分子之间并被吸附，还有一些特殊物质则与活性炭分子结合而被吸着。

当活性炭对水中所含杂质进行吸附时，水中的溶解性杂质在活性炭表面积聚而被吸附，同时也有一些被吸附物质由于分子的运动而离开活性炭表面，重新进入水中即同时发生解吸现象。当吸附和解吸处于动态平衡状态时，称为吸附平衡。这时活性炭和水（即固相和液相）

之间的溶质浓度，具有一定的分布比值。如果在一定压力和温度条件下，用 m 克活性炭吸附溶液中的溶质，被吸附的溶质为 x 毫克，则单位质量的活性炭吸附溶质的量，按式（1-7）计算。

$$q_e = \frac{x}{m} \tag{1-7}$$

式中　q_e——单位质量的活性炭吸附溶质的数量；

　　　x——被吸附的溶质质量，mg；

　　　m——活性炭的质量，mg。

q_e 的大小除了决定于活性炭的品种之外，还与被吸附物质的性质、浓度、水的温度及 pH 有关。一般说来，当被吸附的物质能够与活性炭发生结合反应，被吸附物质又不容易溶解于水而受到水的排斥作用，且活性炭对被吸附物质的亲和作用力强，被吸附物质的浓度又较大时，q_e 就比较大。

在一定温度下，活性炭的吸附量随被吸附物质平衡浓度的提高而提高，两者之间的变化曲线称为吸附等温线，通常用费兰德利希经验式加以表达，见式（1-8）。

$$q_e = K \cdot C^n \tag{1-8}$$

式中　q_e——活性炭吸附量，g/g；

　　　C——被吸附物质的平衡浓度，g/L；

　　K，n——与溶液的温度、pH 以及吸附剂和被吸附物质性质有关的常数。

2. 实训目的

① 加深理解吸附的基本原理。

② 掌握活性炭吸附公式中常数的确定方法。

3. 实训条件

（1）装置

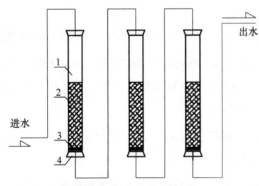
1—有机玻璃管；　2—活性炭层；
3—承托；　4—单孔橡胶塞。

图 1-5　活性炭连续流吸附实训装置

本实训间歇性吸附采用锥形瓶内装入活性炭和水样进行振荡的方法，连续流吸附采用有机玻璃柱内装活性炭、水流自上而下连续进出的方法。实训装置如图 1-5 所示。

（2）设备和仪表仪器

① 振荡器，THZ-82 型，1 台。

② pH 计，pHS 型，1 台。

③ 活性炭柱，有机玻璃管制，直径 25mm，长度 1000mm，3 根。

④ 活性炭，上海 15 号，2kg。

⑤ 水样调配箱，硬塑料焊制，尺寸 0.5m×0.5m×0.6m，1 个。

⑥ 恒位箱，硬塑料焊制，尺寸 0.3m×0.3m×0.4m，1 个。

⑦ 测 COD 仪器，1 套。

⑧ 温度计，刻度范围 0~100℃，1 支。

⑨ 水泵，CHB3 型，1 台。

4. 实训操作过程

（1）画出标准曲线

① 配制 10mg/L 的亚甲蓝溶液。

② 用分光光度计得出吸收与波长的关系。

③ 确定产生最大吸收时的波长（给出最大吸收波长 660nm）。

④ 将准备的亚甲蓝溶液稀释，取 0，2，6，10，14，18，22mL 的亚甲蓝溶液，用比色管定容到 25mL，用分光光度计根据所得波长测得吸光度。

⑤ 画出吸收量与亚甲蓝溶液浓度（mol/L）的关系曲线，即标准曲线。

（2）吸附等温线间歇式吸附步骤

① 将活性炭粉末，用蒸馏水洗去细粉，并在 105℃下烘至恒重。

② 在锥形瓶中，装入以下质量的已准备好的活性炭粉末：0，10，20，40，60，80，100，120mg。

③ 准备浓度为 100mg/L 的亚甲蓝溶液 1L。

④ 在各锥形瓶注入 100mL 浓度为 100mg/L 的亚甲蓝溶液。

⑤ 将锥形瓶置于恒温振荡器上振动 1h，然后用静沉法或滤纸过滤法移除活性炭。

⑥ 测定每个瓶中溶液的吸收量，并用标准图交换为浓度单位。

⑦ 计算每个瓶中转移到活性炭表面上的亚甲蓝的量，以 mol（活性炭）表示。

（3）连续流吸附步骤

① 在管中装入活性炭，活性炭必须用蒸馏水彻底浸透，以防止在实训中截留空气。

② 用自来水配制 0.0004mol/L 的亚甲蓝溶液。

③ 调整通过的流量至 25mL/（min·cm）。

④ 将调好流量的配制溶液与吸附管接通，开始记录时间。

⑤ 开始吸附 1h 后，取样并测定亚甲蓝溶液的浓度，此后每日起码取样并测定五次。

5. 实训数据记录与整理

（1）吸附等温线

① 根据测定数据绘制吸附等温线。

② 确定常数 K 和 n。

③ 讨论实训数据与吸附等温线的关系。

（2）连续流吸附

① 绘制穿透曲线。

② 计算亚甲蓝在不同时间内转移到活性炭表面的量。计算法可以采用图解积分法（矩形法或梯形法），求得吸附管进水或出水曲线与时间之间的面积。

③ 画出去除量与时间的关系曲线。

6. 实训结果讨论

① 活性炭投加量对于吸附平衡浓度的测定有什么影响？该如何控制？

② 实训结果受哪些因素影响较大？该如何控制？

项目 1-6 工业污水气浮净化实训

1. 实训背景

在水污染控制工程中，固液分离是一种很重要的水质净化单元过程。气浮法是进行固液分离的一种方法，它常被用来分离密度小于或接近于1、难以用重力自然沉降法去除的悬浮颗粒。例如，从天然水中去除藻和细小的胶体杂质，从工业污水中分离短纤维、石油微滴等，有时还用以去除溶解性污染物，如表面活性物质、放射性物质等。

2. 实训目的

① 掌握压力溶气气浮实训方法。

② 了解悬浮颗粒浓度、工作压力、气固比、澄清分离效率之间的关系，加深对基本概念的理解。

3. 实训条件

（1）装置

测定气固比的实训装置由吸水池、水泵、空气压缩机、溶气罐、溶气释放器、气浮池等组成，如图1-6所示。

溶气罐是个内径300mm，高2.2m，装有水位计的钢制压力罐。罐顶有调压阀，实训时用调压阀排去未溶空气和控制罐内压力。进气阀用以调节来自空压机的压缩空气量。水位计用以观察压力罐内水位，以便调节调压阀，使溶气罐内水位在实训期间基本保持稳定。

（2）设备和仪表仪器

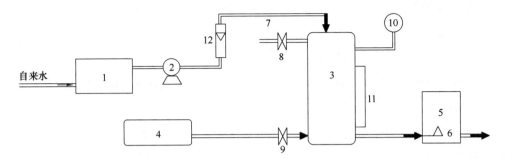

1—吸水池；2—水泵；3—溶气罐；4—空气压缩机；5—气浮池；6—溶气释放器；
7—进水阀；8—调压阀；9—进气阀；10—压力表；11—水位计；12—玻璃转子流量计。

图1-6 压力溶气气浮实训装置

① 吸水池，硬塑料制，1个。

② 水泵，2BA-6型，流量10～30m³/h，扬程24～34.5m，1台。

③ 溶气罐，不锈钢制，1个。

④ 压力表，0.59MPa（6kgf/cm²），1个。

⑤ 空气压缩机，风量0.025m³/min，1台。

⑥ 溶气释放器，TS-1型，6个。

⑦ 气浮池，有机玻璃制，6个。

⑧ 玻璃转子流量计，LZB-40型，1个。

⑨ 烘箱（自配），1台。

⑩ 分析天平（自配），1台。

⑪ 量筒，100mL（自配），10个。

⑫ 锥形瓶，200mL（自配），10个。

⑬ 称量瓶（自配），10个。

⑭ 温度计（自配），1支。

4. 实训操作过程

本实训是在压力溶气气浮装置中，用城市污水处理厂的活性污泥混合液测定气固比对气浮效率的影响，测定步骤如下：

① 启动空气压缩机。

② 启动水泵将自来水打入溶气罐。

③ 开启溶气罐进气阀门，并通过调节调压阀和进水阀门使溶气罐内的压力与水位基本稳定（建议溶气罐的操作压力为0.29MPa）。

④ 按气浮池容积和回流比（0.4），计算应加入气浮池的活性污泥混合液的体积和溶气水的体积。

⑤ 按实训步骤④的计算结果将活性污泥混合液加入气浮池，同时取 200mL 混合液测定 MLSS（每个样品取 100mL，做 2 个平行样品）。

⑥ 将释放器放入气浮池底部，按实训步骤④的计算结果注入溶气水。

⑦ 取出释放器后静置 5~6min，从气浮池的底部取澄清水 200mL，测定出水的悬浮固体浓度（每个样品取 100mL，做 2 个平行样品）。

⑧ 在工作压力、活性污泥浓度不变的条件下，改变回流比，使其为 0.6，0.7，0.8，1.0，按实训步骤④~⑦继续进行实训。

5. 注意事项

① 进行气固比测定时，回流比的取值与活性污泥混合液浓度有关，当活性污泥浓度为 2g/L 左右时，按回流比 0.2，0.4，0.6，0.8，1.0 进行实训；当活性污泥浓度为 4g/L 左右时，按回流比 0.4，0.6，0.7，0.8，1.0 进行实训。

② 实训选用的回流比数至少要 5 个，以保证能较正确地绘制气固比与出水悬浮固体浓度的关系曲线。

③ 实训装置中所列的水泵、吸水池和空压机可供 8 组学生同时进行实训。

6. 实训数据记录与整理

（1）记录实训条件

日期：_____年_____月_____日

活性污泥采样地点：_____

气温：_____℃   空气的容重：_____mg/L

水温：_____℃   空气溶解度：_____mL/L

溶气罐的工作压力：_____MPa

（2）记录实训数据

① 测定气固比实训记录可参考表 1-6 进行。

表 1-6   气固比实训数据记录

回流比	称量瓶序号	后读数/g	前读数/g	差值/g
0.2				
0.4				
0.6				
0.8				
1.0				

② 将表 1-6 实训数据整理列入表 1-7 中。

表 1-7　　　　　　　　　　　　　气固比实训数据整理

回流比	出水悬浮固体浓度/（mg/L）	气固比	去除率/%

根据表 1-7 数据绘制气固比与出水悬浮固体浓度之间的关系曲线。若实训时测定了浮渣固体浓度，可根据实训结果再绘制出气固比与浮渣固体浓度之间的关系曲线。

7. 实训结果讨论

① 试述工作压力对溶气效率的影响。

② 拟定一个测定气固比与工作压力之间关系的试验方案。

项目 1-7　絮凝沉淀实训

1. 实训背景

在污水中投加混凝剂后，悬浮物的胶体及分散颗粒会在分子力的相互作用下生成絮状体。在沉降过程中它们互相碰撞凝聚，尺寸和质量不断变大，沉淀速度不断增加。悬浮物的去除率不但取决于沉淀速度，而且还与沉淀深度有关。

2. 实训目的

① 了解絮凝沉淀的特点和规律。

② 掌握絮凝沉淀的实训方法和实训数据的整理方法。

3. 实训条件

（1）装置

装置由高位水箱和沉淀柱组成，见图 1-7。用人工配制实训水样时，可考虑在高位水箱内装搅拌设备，若无条件也可手动搅拌。

（2）设备和仪表仪器

① 沉淀柱，柱外有厘米红线标尺，直径 100mm，高度 1700mm，6 根。

② 高位水箱，1 只。

③ 水泵，1 台。

④ 调速电机，1 台。

⑤ 不锈钢搅拌器，1 套。

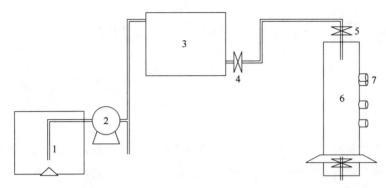

1—进水池；　2—水泵；　3—高位水箱；　4，5—旋塞；　6—沉淀柱；　7—取样口。

图 1-7　絮凝沉淀实训装置

⑥ 铜阀门取样口，30 个。　　　　　　⑩ 电源线。

⑦ 金属电控箱，1 只。　　　　　　　　⑪ 连接管道和阀门。

⑧ 漏电保护开关，1 套。　　　　　　　⑫ 不锈钢支架。

⑨ 按钮开关，2 个。

4. 实训操作过程

① 检查整套设备是否完整，清扫水箱及沉淀柱内的杂物，先用清水放满试漏。

② 水箱先放满自来水，计算水箱体积，投加高岭土使浓度为 100mg/L。

③ 向高位水箱内注入 50L 自来水，开启高位水箱搅拌机。

④ 在高位水箱内按 500~700mg/L 的浓度配制实训水样（例如称取 25~35g 硫酸铝用烧杯先溶解后倒入高位水箱）。

⑤ 迅速搅拌 1~2min，然后缓缓搅拌。

⑥ 矾花形成后取 200mL 测定 SS。先打开旋塞 4，再打开旋塞 5 把水样注入沉淀柱。

⑦ 水样注到 1.8m 处时，关闭旋塞 5。

⑧ 用定时钟定时，10min 后在四个取样口同时取 100mL 水样，并测定各样品的 SS。

⑨ 在第 10，20，30，40，50，60min 时各取一次水样，每次都是四个取样口同时取 100mL 水样，并测定各样品的 SS。

5. 注意事项

① 由于絮凝沉淀的悬浮物去除率与池子深度有关，所以实训用的沉淀柱的高度，应与拟采用的实际沉淀池的高度相同。

② 水样注入沉淀柱速度不能太快，要避免矾花搅动影响测定结果的准确性。也不能太慢，以免实训开始前发生沉淀。

③ 由于水样中悬浮固体浓度较低，测定时易产生误差，最好每个水样都能做两个平行样

品，但取样太多会影响水深，因此可 2~3 组同学做同样浓度的实训，然后取平均值以减少误差。

6. 实训数据记录与整理

（1）记录实训条件

日期：＿＿＿＿＿＿年＿＿＿＿月＿＿＿＿日

沉淀柱高度 h＝＿＿＿＿＿ m　沉淀柱直径 d＝＿＿＿＿＿ m

（2）记录实训数据

实训数据可参考表 1-8 记录。

表 1-8　　　　　　　　　　　絮凝沉淀实训数据记录

时间/min	悬浮固体去除百分率			
	取样口 h_1	取样口 h_2	取样口 h_3	取样口 h_4
10				
20				
30				
40				
50				
60				

注：原水样悬浮固体浓度＝＿＿＿＿＿ mg/L。

将表 1-8 实训数据点绘于相应的代表深度和时间的坐标上，并绘出等效率曲线。根据等效率曲线算出 5~6 个不同沉淀时间的悬浮固体总去除率，并计算相应的沉淀速度和溢流率。计算结果列于表 1-9。

表 1-9　　　　　　　　　　　絮凝沉淀实训数据整理

时间/min	沉淀速度/（m/h）	悬浮固体总去除率/%	溢流率/［m³/（m²·d）］

① 可取实训时间范围内的任意 5~6 个值。

② 沉淀速度等于沉淀柱底部的深度除以上述选定的时间。

③ 溢流率是由沉淀速度换算而得（溢流率＝沉淀速度×24）。

④ 用表 1-9 的数据，作悬浮固体总去除率与沉淀时间 t 的关系曲线（图 1-8）及悬浮固体总去除率与溢流率的关系曲线（图 1-9）。

7. 实训结果讨论

① 有资料介绍可以用仅在沉淀柱中部（二分之一柱高度）取样分析的实训方法近似地求

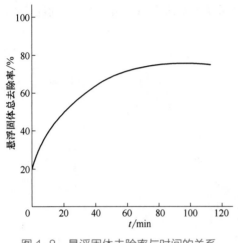

图 1-8　悬浮固体去除率与时间的关系　　　图 1-9　悬浮固体去除率与溢流率的关系

絮凝沉淀去除率，试用实训结果比较两种方法的误差，并讨论其优缺点。

②　试述絮凝沉淀、自由沉淀的沉淀特性对沉淀设备的影响。

项目 1-8　混凝沉淀实训

1. 实训背景

混凝沉淀实训是水处理的基础实训之一，被广泛地用于科研、教学和生产中。通过混凝沉淀实训，不仅可以选择投加药剂的种类和数量，还可确定其他混凝最佳条件。天然水中存在大量胶体颗粒，是使水产生浑浊的一个重要原因，胶体颗粒靠自然沉淀是不能去除的。

水中的胶体颗粒，主要是带负电的黏土颗粒。胶粒间的静电斥力，胶粒的布朗运动及胶粒表面的水化作用，使得胶粒具有分散稳定性，三者中以静电斥力影响最大。向水中投加混凝剂能提供大量的正离子，压缩胶团的扩散层，使 ξ 电位降低，静电斥力减小。此时，布朗运动由稳定因素转变为不稳定因素，也有利于胶粒的吸附凝聚。水化膜中的水分子与胶粒有固定联系，具有弹性和较高的黏度，把这些水分子排挤出去需要克服特殊的阻力，阻碍胶粒直接接触。有些水化膜的存在决定于双电层状态，投加混凝剂降低 ξ 电位，有可能使水化作用减弱。混凝剂水解后形成的高分子物质或直接加入水中的高分子物质一般具有链状结构，在胶粒与胶粒间起吸附架桥作用。即使 ξ 电位没有降低或降低不多，胶粒不能相互接触，通过高分子链状物吸附胶粒，也能形成絮凝体。

2. 实训目的

①　通过本实训确定某水样的最佳投药量。

② 观察矾花的形成过程及混凝沉淀效果。

3. 实训条件

（1）装置

混凝沉淀实训装置如图 1-10 所示。

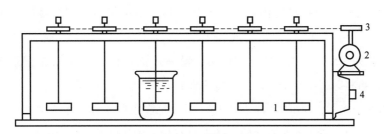

1—搅拌叶片；　2—变速电动机；　3—传动装置；　4—控制装置。

图 1-10　混凝沉淀实训装置

（2）设备和仪表仪器

① 1000mL 烧杯，12 个。

② 200mL 烧杯，14 个。

③ 100mL 注射器，2 个，移取沉淀水上清液。

④ 100mL 洗耳球，1 个，配合移液管移药用。

⑤ 1mL 移液管，1 根。

⑥ 5mL 移液管，1 根。

⑦ 10mL 移液管，1 根。

⑧ 温度计，1 支，测水温用。

⑨ 秒表，1 块，测转速用。

⑩ 1000mL 量筒，1 个，量原水体积。

⑪ 1%浓度硫酸铝溶液（或其他混凝剂），1 瓶。

⑫ PHS-2 型酸度计，1 台。

⑬ GDS-3 型光电浊度仪，1 台。

4. 实训操作过程

① 测原水水温、浊度及 pH。

② 用 1000mL 量筒量取 6 个水样至 6 个 1000mL 烧杯中。

③ 设最小投药量和最大投药量，利用均分法确定第一组实训其他 4 个水样的混凝剂投加量。

④ 将第一组水样置于搅拌机中，开动机器，调整转速。中速运转数分钟，同时将计算好

的投药量,用移液管分别移取至加药试管中。加药试管中药液少时,可掺入蒸馏水,以减小药液残留在试管上产生的误差。

⑤ 将搅拌机快速运转(例如 300~500r/min,但不要超过搅拌机的最高允许转速),待转速稳定后,将药液加入水样烧杯中,同时开始计时,快速搅拌 30s。

⑥ 30s 后,迅速将转速调到中速运转(例如 120r/min)。然后用少量(数毫升)蒸馏水洗加药试管,并将这些水加到水样杯中。搅拌 5min 后,迅速将转速调至慢速(例如 80r/min)搅拌 10min。

⑦ 搅拌过程完成后,停机,将水样取出,置一旁静沉 15min,并观察记录矾花沉淀的过程。与此同时,再将第二组 6 个水样置于搅拌机下。

⑧ 第一组 6 个水样,静沉 15min 后,用注射器每次吸取水样杯中上清液约 130mL(够浊度、pH 测试用即可),置于 6 个洗净的 200mL 烧杯中,测浊度及 pH 并记录。

⑨ 比较第一组实训结果。根据 6 个水样所测得的剩余浊度以及水样混凝沉淀时所观察到的现象,对最佳投药量的所在区间,做出判断。缩小实训范围(加药量范围)重新设定第 M组实训的最大和最小投药量值 a 和 b,重复上述实训。

5. 注意事项

① 电源电压应稳定,如有条件,电源上宜设一台稳压装置(例如 614 系列电子交流稳压器)。

② 取水样时,所取水样要搅拌均匀,要一次量取以尽量减少所取水样浓度上的差别。

③ 移取烧杯中沉淀水上清液时,要在相同条件下取上清液,不要把沉下去的矾花搅起来。

6. 实训数据记录与整理

搅拌过程中,注意观察并记录矾花形成的过程、外观、大小、密实程度等,并记入表1-10 中。实训数据记录在表 1-11 中。

表 1-10　　　　　　　　　　混凝沉淀实训记录　　　　　　　日期:＿＿＿＿＿

观察记录		小结
水样编号	矾花形成及水样过程的描述	
1		
2		
3		
4		
5		
6		

表 1-11 混凝沉淀数据记录

混凝剂名称：_____ 原水浊度：_____ 原水温度：_____ 原水 pH：_____

水样编号	投药量/（mg/L）	剩余浊度	沉淀后 pH
1			
2			
3			
4			
5			
6			

以投药量为横坐标，以剩余浊度为纵坐标，绘制投药量-剩余浊度曲线，从曲线上可求得不大于某一剩余浊度的最佳投药量值。

7. 实训结果讨论

① 根据实训结果以及实训中所观察到的现象，简述影响混凝沉淀的几个主要因素。

② 为什么最大投药量时，混凝效果不一定好？

③ 测量搅拌机搅拌叶片尺寸，计算中速、慢速搅拌时的速度梯度 G。计算整个反应器的平均 G 值。

④ 参考本实训步骤，编写出测定最佳沉淀后 pH 的实训过程。

⑤ 当无六联搅拌机时，试说明如何用 0.618 法安排实训求最佳投药量。

项目 1-9 混凝脱色实训

1. 实训背景

混凝法是废水处理常用的方法，可以用来降低废水的浊度和色度，去除多种高分子有机物、某些重金属和放射性物质。此外，混凝法还能改善污泥的脱水性能。混凝的主要对象是废水中的细小悬浮颗粒和胶体颗粒，这些颗粒用自然沉降法很难从水中分离出去。混凝是通过向废水中投加混凝剂，破坏胶体的稳定性，使细小悬浮颗粒和胶体微粒聚集成较粗大的颗粒而沉降，得以与水分离，使废水得到净化的方法。

在处理印染及燃料工业废水的过程中，混凝脱色是常用的脱色技术之一。由于染料中存在大量的有机和无机的离子、非离子等显色物质，因此可采用选择性的混凝脱色剂，使废水中的显色物质产生双电层压缩和电荷吸附，并有中和、黏结、架桥等作用，从而使显色物质形成的大粒径矾花团聚、沉降、脱除，以达到脱色效果。

2. 实训目的

① 掌握混凝实训操作过程及色度的测定方法。

② 了解混凝 pH 和混凝剂用量对混凝过程的影响规律，确定最佳 pH 和混凝剂用量。

③ 详细观察混凝脱色过程中的现象，注意大粒径矾花的形成。

④ 进一步加深对混凝基础理论的理解。

⑤ 掌握一般的单因素试验设计方法。

⑥ 掌握试验用药剂的配制方法。

3. 实训条件

（1）水样

采用直接耐晒翠蓝（GB 型），配制浓度为 20mg/L 的水样，其中主要显色成分由氮基、氨基、磺酸基和四氯苯醌等组合而成。搅拌均匀后测定其吸光度。

（2）药剂

① pH 调节剂为石灰乳（配制质量浓度为 5%）。

② 混凝剂为聚合硫酸铁（配制质量浓度为 5%）。

③ 助凝剂为聚丙烯酰胺（阴离子型，配制质量浓度为 0.5‰）。

（3）仪器

① 智能型混凝搅拌仪，1 台。　　　　　⑦ 洗瓶，1 个。

② 分光光度计，1 台。　　　　　　　　⑧ pH 试纸，1~14 范围，1 盒。

③ 1000mL 试样杯，6 个。　　　　　　 ⑨ 大瓷盘，1 个。

④ 10mL 加药杯，1 个。　　　　　　　 ⑩ 小塑料杯，4 个。

⑤ 10mL 加药量筒，1 个。　　　　　　 ⑪ 废水桶，1 个。

⑥ 12mL 注射器针管，1 支。　　　　　 ⑫ 200mL 容量瓶，1 个。

4. 实训操作过程

① 取 4 个试样杯，加入实训用的水样至 950mL 刻度处，降下搅拌杆在杯中心位置。

② 打开智能显示屏按操作要求分别输入各段所确定的条件。

a. pH 调节剂搅拌时间 3min，转速 500r/min。

b. 混凝剂搅拌时间 5min，转速 500r/min。

c. 反应段搅拌时间 8min，转速 500r/min。

d. 沉降时间 20min，转速 0r/min。

③ 在不同的试验杯中添加不同量的石灰乳，调节 pH 到确定的数值。按顺序添加规定量的聚合硫酸铁和聚丙烯酰胺，完成混凝沉淀过程。执行试验程序，待完成以上输入程序为止，中间不得随意停机。

④ 取样测吸光度。

a. 程序执行结束，分别打开上水夹，取样 300mL，用漏斗直接过滤到 250mL 刻度的比色管中，分别与蒸馏水进行比较，观察色度变化情况。

b. 用分光光度计测不同条件出水的吸光度，并通过吸光度，计算出色度的去除率。

5. 注意事项

① 熟悉混凝仪的操作和设定方法。

② 按 5% 浓度配制所需的混凝剂、石灰乳，助凝剂已配制为 0.5‰。

③ 熟悉用分光光度计法测量色度的方法。

④ 确定需要试验的 pH 水平范围和间隔，固定混凝剂的用量不变，改变 pH 进行试验，测定每个试验处理后水的吸光度，计算去除率，绘制去除率与 pH 的关系曲线。

⑤ 在最佳 pH 条件下，改变混凝剂的用量进行试验，得出去除率与混凝剂用量的关系曲线。

6. 实训数据记录与整理

将实训获得的数据填入表 1-12 并绘制曲线。

表 1-12　　　　　　　　　混凝脱色实训记录　　　　　　　日期：_____

序号	需调到的 pH	实际测得的 pH	混凝剂用量/ mL	助凝剂用量/ mL	吸光度	色度去除率
1				2		
2				2		
3				2		
4				2		

7. 实训结果讨论

① 本实训的目的是什么？

② 本实训的原理是什么？

③ 本实训确定的可变因素的数值是多少？确定方法是什么？

项目 1-10　活性污泥性质的测定实训

1. 实训背景

活性污泥是人工培养的生物絮凝体，它由好氧微生物及其吸附的有机物组成。活性污泥具有吸附和分解污水中有机物质（也有些可利用无机物质）的能力，显示出生物化学活性。在生物处理废水的设备运转管理中，除用显微镜观察外，下面几项污泥性质是经常要测定的。这些指标反映了污泥的活性，其与剩余污泥排放量及处理效果等都有密切关系。

2. 实训目的

① 加深对活性污泥性能，特别是活性污泥活性的理解。
② 掌握几项污泥性质的测定方法。

3. 实训条件

① 烘箱，1 台。
② 马弗炉，1 台。
③ 普通电炉，5 台。
④ 瓷坩埚，数个。
⑤ 定量滤纸，数张。
⑥ 100mL 量筒，6 个。
⑦ 500mL 烧杯，5 个。
⑧ 玻璃棒，5 根。
⑨ 新鲜活性污泥，10L。

4. 实训操作过程

（1）污泥沉降比 SV（%）

取混合均匀的泥水混合液 100mL 置于 100mL 量筒中，静置 30min 后，观测沉降的污泥占整个混合液的比例，记下结果。

（2）污泥浓度

采用滤纸称重法测定。

（3）污泥容积指数

污泥容积指数按式（1-9）计算。

$$I(\text{SVI}) = \frac{R(\text{SV}) \times 10}{C(\text{MLSS})} \tag{1-9}$$

式中　$I(\text{SVI})$ ——污泥容积指数，L/mg；

$R(\text{SV})$ ——污泥沉降比，%；

$C(\text{MLSS})$ ——混合液悬浮固体浓度，mg/L。

SVI 值较好地反映出活性污泥的松散程度和凝聚、沉淀性能，一般在 100 以下为宜。

（4）污泥灰分和挥发性污泥浓度 MLVSS

挥发性污泥即挥发性悬浮固体，包括微生物和有机物，干污泥经灼烧后（600℃）剩下的灰分称为污泥灰分。

MLVSS 的测定方法如下：

① 先将已知恒重的瓷坩埚称重并记录，再将测定过污泥干重的滤纸和干污泥一并放入瓷坩埚中。先在普通电炉上加热碳化，然后放入马弗炉内（600℃）烧 40min，取出放入干燥器内冷却，称重。

② MLVSS 按式（1-10）计算。

$$C(\text{MLVSS}) = \frac{(m_2 - m_1) - (m_4 - m_3)}{V} \tag{1-10}$$

式中 m_1——滤纸的净重，mg；

　　　m_2——滤纸及截留悬浮物固体的质量之和，mg；

　　　m_3——瓷坩埚质量，mg；

　　　m_4——瓷坩埚与无机物总质量，mg；

　　　V——污泥体积，L。

灰分浓度 $= C(\text{MLSS}) - C(\text{MLVSS})$。

5. 注意事项

① 测定瓷坩埚质量时，应将瓷坩埚放在马弗炉中灼烧至恒重为止。

② 由于实训项目多，实训前准备工作要充分，不要弄乱。

③ 仪器设备应按说明调整好，使误差减小。

6. 实训数据记录与整理

活性污泥性能的测定结果记录在表 1-13 中。

表 1-13　　　　　　　　　　　　活性污泥性能的测定实训记录

项目	m_1/mg	m_2/mg	(m_2-m_1)/mg	m_3/mg	m_4/mg	(m_4-m_3)/mg	SV/%	MLSS/(mg/L)	MLVSS/(mg/L)	SVI/(L/mg)	灰分/(mg/L)
1											
2											
平均											

7. 实训结果讨论

① 阐述 SVI 的意义，根据 SVI 测定结果，对实训污泥的沉降性能进行评述。

② 分析 MLVSS/MLSS 的意义，根据所测结果对污泥活性做初步评价。

项目 1-11　曝气充氧实训

1. 实训背景

曝气是活性污泥系统的一个重要环节，它的作用是向池内充氧，保证微生物生化作用所需之氧，同时保持池内微生物、有机物、溶解氧，即泥、水、气三者的充分混合，为微生物降解创造有利条件。因此了解掌握曝气设备充氧性能、不同污水充氧修正系数 a 和 B 值及其测定方法，不仅对工程设计人员，而且对污水处理厂（站）运行管理人员也至关重要。此外，二级生物处理厂（站）中，曝气充氧电耗占全厂动力消耗的 60%~70%，因而高效省能型曝气设备的研制是当前污水生物处理技术领域面临的一个重要课题。

2. 实训目的

① 加深理解曝气充氧的机理及影响因素。

② 了解掌握曝气设备清水充氧性能测定的方法。

③ 测定几种不同形式的曝气设备氧的总转移系数 $k_L a$，氧利用率 $\eta\%$，动力效率等，并进行比较。

3. 实训条件

（1）装置

曝气充氧实训设备如图 1-11 至图 1-13 所示。

（2）设备和仪表仪器

自吸式射流曝气清水充氧设备，见图 1-11。

① 曝气池，钢板制成，尺寸 0.8m×1.0m×4.3m。

② 射流暖气设备，喷嘴直径 14mm，喉管直径 32mm，喉管长度 2975mm。

③ 水循环系统，包括吸水池，塑料泵。

④ 计量装置，包括转子流量计，压力表，真空表，热球式测风仪。

⑤ 水中溶解氧测定设备，测定方法详见水质分析（碘量法），或用上海第二分析仪器厂的溶解氧测定仪。

⑥ 无水亚硫酸钠，氯化钴，秒表。

穿孔管鼓风曝气清水充氧设备，见图 1-12。

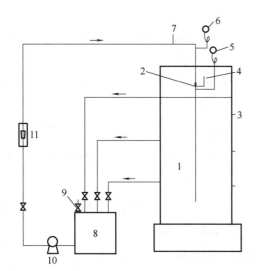

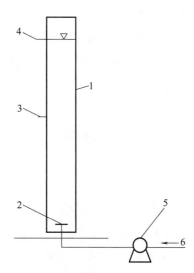

1—曝气水池； 2—射流器； 3—取样孔； 4—进气口；

5—真空表； 6—压力表； 7—温度计； 8—吸水池（密封）；

9—放气口； 10—水泵； 11—水转子流量计。

图 1-11　自吸式射流曝气清水充氧装置

1—有机玻璃曝气柱； 2—穿孔管
曝气； 3—取样孔； 4—溢流孔；
5—空压机； 6—进气。

图 1-12　穿孔管鼓风曝气清水充氧装置

① 有机玻璃柱，直径 150mm 的 3 套，直径 200mm 的 1 套，高度 3.2m。

② 穿孔管布气装置，孔眼长度 40mm，直径 0.5mm，与垂直线呈 45°夹角，两排交错排列。

③ 空气压缩机，贮气罐。

平板叶轮表面曝气清水充氧实训设备，见图 1-13。

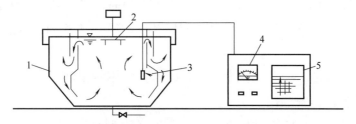

1—完全混合合建式曝气池； 2—平板叶轮； 3—探头； 4—溶解氧浓度测定仪； 5—记录仪。

图 1-13　平板叶轮表面曝气清水充氧装置

① 有机玻璃平板叶轮完全混合式暖气池，电动搅拌机调速器。

② 溶解氧测定仪，记录仪。

4. 实训操作过程

（1）自吸式射流曝气设备清水充氧步骤

① 关闭所有闸门，向曝气池内注入清水（自来水）至少 2m，取水样测定水中溶解氧值，并计算池内溶解氧含量 $G=n(DO) \times V$。

② 计算投药量。

a. 脱氧剂采用无水亚硫酸钠，根据 $2Na_2SO_3+O_2 = 2Na_2SO_4$，则每次投药量 $g = G \times 8 \times (1.1 \sim 1.5)$。1.1~1.5 是为脱氧安全而取的系数。

b. 催化剂采用氯化钴，投加浓度为 0.1mg/L，将称得的药剂用温水化开，由池顶倒入池内，约 10min 后，取水样并测其溶解氧。

③ 当池内水脱氧至零后，打开回水阀门和放气阀门，向吸水池灌水。

④ 关闭水泵出水阀门，启动水泵，然后徐徐打开阀门，至池顶压力表读数为 0.15MPa 时停止。

⑤ 开启水泵后，由观察孔观察射流器出口处，当有气泡出现时，开始计时，同时每隔 1min（前 3 个间隔）和 0.5min（后几个间隔）开始取样，连续取 15 个水样。

⑥ 计量水量、水压、风速（m/s）（进气管直径为 32mm）。

⑦ 观察曝气时喉管内现象和池内现象。

⑧ 关闭进气管闸门后，记录真空表读数。

⑨ 关闭水泵出水阀门，停泵。

（2）鼓风曝气清水充氧步骤

① 往柱内注入清水至 3m 处时，测定水中溶解氧值，计算池内溶氧量 $G=n(DO) \times V$。

② 计算投药量。

③ 将称得的药剂用温水化开由柱顶倒入柱内，几分钟后，测定水中溶解氧值。

④ 当水中溶解氧值为零后，打开空压机，向贮气罐内充气。空压机停止运行后，打开供气阀门，开始曝气，并记录时间。同时每隔一定时间（1min）取一次样，测定溶解氧值，连续取样 15 个。而后，拉长间隔，直至水中溶解氧不再增长（达到饱和）为止。随后，关闭进气阀门。

⑤ 实训中计量风量、风压、室外温度，并观察曝气时柱内现象。

（3）平板叶轮表面曝气清水充氧步骤

① 向池内注满清水，按理论加药量的 1.5 倍加入脱氧剂及催化剂。

② 当溶解氧测定仪的指针达到零后，开始启动电机进行曝气，直至池内溶解氧达到稳定值为止。

5. 注意事项

① 每个实训所用设备和仪器较多，事前必须熟悉设备和仪器的使用方法及注意事项。

② 加药时，将脱氧剂与催化剂用温水化开后，从柱或池顶均匀加入。

③ 无溶解氧测定仪的设备，在曝气初期，取样时间间隔宜短。

④ 实测饱和溶解氧值时，一定要在溶解氧值稳定后进行。

⑤ 水温和风温（送风管内空气温度）宜取开始、中间、结束时实测值的平均值。

6. 实训数据记录与整理

① 自吸式射流曝气设备清水充氧记录见表1-14。

表1-14　　　　　　　　　　自吸式射流曝气清水充氧实训记录　　　　　　　日期：_____

| 水温/℃ | 曝气池平面尺寸/m² | 进水流量/m³ | 进风量 | | 气水比（体积比） |
			风速	风量	
进水压力/MPa	池内水深/m	喷嘴直径/mm	喉管直径/mm	喉管长度/mm	面积比	长径比

② 化学滴定法测定水中溶解氧记录见表1-15。

表1-15　　　　　　　　　　　水中溶解氧测定记录　　　　　　　　日期：_____

瓶号	取样点	$\overline{V}$/mL	V/mL	DO/mL	瓶号	取样点	$\overline{V}$/mL	V/mL	DO/mL

7. 实训结果讨论

① 论述曝气在生物处理中的作用。

② 曝气充氧原理及其影响因素是什么？

③ 温度修正、压力修正系数的意义是什么？如何进行公式推导？

④ 曝气设备类型、动力效率、优缺点是什么？

⑤ 氧总转移系数 k_La 的意义是什么？怎样计算？

⑥ 曝气设备充氧性能指标为何均是清水？标准状态下的值是多少？

⑦ 鼓风曝气设备与机械曝气设备充氧性能指标有何不同？

项目 1-12 污水可生化性能测定实训

1. 实训背景

由于生物处理法去除污水中胶体及溶解有机污染物具有高效、经济的优点，因而在选择污水处理方法和确定工艺流程时，往往首先想到这种方法。在一般情况下，生活污水、城市污水完全可以采用此法，但是对于各种各样的工业污水来讲，由于某些工业污水中含有难以生物降解的有机物，或含有能够抑制或毒害微生物生理活动的物质，或缺少微生物生长所必需的某些营养物质，因此为了确保污水处理工艺选择的合理与可靠，通常要进行污水的可生化性试验。

2. 实训目的

① 鉴定城市污水或工业污水能够被微生物降解的程度，以便选用适宜的处理技术和确定合理的工艺流程。

② 了解并掌握测定污水可生化性试验的方法。

③ 掌握瓦波呼吸仪的使用方法。

3. 实训条件

（1）装置

污水可生化性能测定实训的主要装置为瓦波呼吸仪。

（2）设备和仪表仪器

① 瓦波呼吸仪，主要由以下三部分组成：

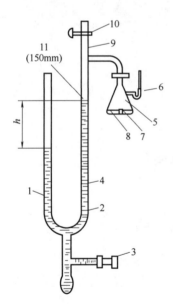

a. 恒温水浴装置：具有三种调节温度的设备，一是电热器，通常装在水槽底部，通以电流后使水温升高；二是恒温调节器，能够自动控制电流的断续，这样就使水槽温度也能自动控制；三是电动搅拌器，使水槽中水温迅速达到均匀。

b. 振荡装置。

c. 瓦波呼吸计：由反应瓶和测压管组成，如图 1-14 所示。反应瓶为中心小杯及侧臂的特殊小瓶，容积为 25mL，用于污水处理时，宜用 125mL 的大反应瓶。测压管一端与反应瓶相连，并设三通，平时与大气不通，称闭管，另一端与大气相通，称开管，一般测压管总高约 300mm，并以 150mm 的读数为起始高度。

② 离心机。

③ 康氏振荡器。

④ BOD_5 和 COD 分析测定装置及药品等。

⑤ 定时钟，洗液，玻璃器皿，电磁搅拌器。

⑥ 羊毛脂或真空脂，皮筋，生理盐水，pH=7 的磷酸盐缓冲液，20%KOH 溶液。

⑦ 布劳第（Brodie）溶液，氯化钠 23g 和脂胆酸钠 5g，

1—开管；　2—闭管；　3—调节螺旋；4—测压液；　5—反应瓶；　6—反应瓶侧臂；　7—中心小杯（内装 KOH）；8—水样；　9—测压管；10—三通；　11—参考点。

图 1-14　瓦波呼吸计构造

溶于 500mL 蒸馏水中，加少量酸性复红，溶液相对密度为 1.033。

4. 实训操作过程

（1）活性污泥悬浮液的制备

① 取运行中的城市污水处理厂或某一工业污水处理站曝气池内混合液，注入曝气模型内空曝 24h，或放在康氏振荡器上振荡，使活性污泥处于内源呼吸阶段。

② 取上述活性污泥，在 3000r/min 的离心机上离心 10min，倾倒去上清液，加入生理盐水洗涤，在电磁搅拌器上搅拌均匀后再离心，而后用蒸馏水洗涤，重复上述步骤，共进行三次。

③ 将处理后的污泥用 pH=7 的磷酸盐缓冲液稀释，配制成所需浓度的活性污泥悬浊液。

（2）底物的制备

反应瓶内反应所需的底物，应根据实训目的而定：

① 现场取样，或根据需要对水样加以处理，或在水样中加入某些成分后，作为底物。

② 人工配制各种浓度或不同性质的污水作为底物。

③ 本实训是取生活污水，并加入 Na_2S 配制几种不同含硫浓度的废水，其浓度分别为 5，15，40，60mg/L。

（3）向反应瓶内加入各种溶液

取清洁干净反应瓶及在测压管中装好 Brodie 检压液备用，反应瓶按表 1-16 加入各种溶液，其中：

① 1，2 两套只装入相同容积蒸馏水作温度压力对照，以校正由于大气温度、压力的变化引起的压降。

② 3，4 两套测定内源呼吸量，即在这两个反应瓶中注入活性污泥悬浮液，并加入相同容积的蒸馏水以代替底物，它们的呼吸耗氧量所表示的就是没有底物的内源呼吸耗氧量。

③ 另 10 套除投加活性污泥悬浮液外，可按实训要求分别投加不同的底物。

（4）向反应瓶内投加 KOH、底物、污泥

① 用移液管取 0.2mL 的 20%KOH 溶液放入各反应瓶的中心小杯，应特别注意防止 KOH 溶液进入反应瓶。用滤纸叠成扇状放在中心小杯杯口，以扩大 CO_2 吸收面积，并防止 KOH 溢出。

② 按表 1-16 的要求，将蒸馏水、活性污泥悬浮液，用移液管移入相应的反应瓶内。

③ 按表 1-16 的要求，将各种底物用移液管移入相应反应瓶的侧臂内。

（5）开始实训工作

① 将水浴槽内温度调到所需温度并保持恒温。

② 将上述各反应瓶磨口塞与相应的压力计连接，并用橡皮筋拴好，将各反应瓶侧臂的磨口与相应的玻璃棒塞紧，使反应瓶密封。

③ 将各反应瓶置于恒温水浴槽内，同时打开三通活塞，使测压管的闭管与大气相通。

④ 开动振荡装置约 5~15min，使反应瓶体系的温度与水浴温度完全一致。

⑤ 将反应瓶侧臂中底物倾入反应瓶内，注意不要把 KOH 倒出或把污泥、底物倒入中心小瓶内。

⑥ 将各测压管闭管中检压液面调节到刻度 150mm 处，然后迅速关闭测压管顶部三通使之与大气隔绝。记录各调压管中检压液面读数，此值应在 150mm 左右，再开启振荡装置，此时即为实训开始时刻。

（6）实训开始后每隔一定时间，如 0.25，0.5，1，2，3，…，6h，关闭振荡装置，利用测压管下部的调节螺旋，将闭管中的检压波浪面调至 150mm，然后读出开管中检压液液面并记录于表 1-17 中。读数时需注意以下几点：

① 严格地说，在进行读数时，振荡装置应继续工作，但实际上很困难，为避免实训时产生较大的误差，读数应快速进行，或在实训时间中扣除读数时间，记录完毕，即迅速开启振荡开关。

② 温度及压力修正两套实训装置，应分别在第一个和最后一个读数以修正操作时间的影响。

③ 实训中，待测压管读数降至 50mm 以下时，需开启闭管顶部三通，使反应瓶空间重新充气，再将闭管液位调至 150mm，并记录此时开管液位高度。

④ 读数的时间间隔应按实训的具体要求而定，一般开始时应取较小的时间间隔，如 15min，然后逐步延长至 30min，1h，甚至 2h，延续时间视具体情况而定，一般最好延续到生化呼吸耗氧曲线与内源呼吸耗氧曲线趋于平行时为止。

5. 注意事项

① 瓦波呼吸仪是一种精密贵重仪器，使用前一定要搞清仪器本身构造、操作及注意事项，动作要轻、软，以免损坏反应瓶或测压管。

② 反应瓶、测压管的容积均已标好，并有编号。使用时一定要注意编号配套，不要搞乱搞混，以免由于容积不准影响实训结果。

③ 活性污泥悬浮液的制备，一定要按步骤进行，保证污泥进入内源呼吸期。

④ 为了保证实训结果的精确可靠，可先用一反应瓶进行必要的演练。

6. 实训数据记录与整理

（1）记录实训数据

污水可生化性能测定实训记录见表 1-16 和表 1-17。

（2）整理实训成果

根据记录下的测压管读数（液面高度），计算活性污泥耗氧量，见式（1-11）至式（1-18）。

表 1-16　　　　　　　　　　　各反应瓶所投加的底物　　　　　　　　　日期：_____

反应瓶编号	反应瓶内液体容积/mL							中央小杯中 20%KOH 溶液体积/mL	溶液总体积/mL	备注
	蒸馏水	活性污泥	底物含 S^{2-}/（mg/L）							
			5	15	40	60	生活污水			
1，2	3	—	—	—	—	—	—	0.2	3.2	温度压力对照
3，4	2	1	—	—	—	—	—	0.2	3.2	内源呼吸
5，6	—	1	2	—	—	—	—	0.2	3.2	—
7，8	—	1	—	2	—	—	—	0.2	3.2	—
9，10	—	1	—	—	2	—	—	0.2	3.2	—
11，12	—	1	—	—	—	2	—	0.2	3.2	—
13，14	—	1	—	—	—	—	2	0.2	0.2	—

表 1-17　　　　　　　　　　　开管中检压液液面　　　　　　　　　　　日期：_____

反应瓶编号	时间/h	项目															
		温压计		内源呼吸				底物				底物含 S^{2-}/(mg/L)			
		读数 h	差值 Δh	读数 h_i'	差值 $\Delta h_i'$	实差 Δh_i	耗氧率 C_i	读数 h_i'	差值 $\Delta h_i'$	实差 Δh_i	耗氧率 C_i	读数 h_i'	差值 $\Delta h_i'$	实差 Δh_i	耗氧率 C_i
	0.25														
	0.50														
	1.00														
	2.00														
	3.00														
	4.00														
	5.00														
	6.00														

$$\Delta h_i = \Delta h_i' - \Delta h \tag{1-11}$$

式中　Δh_i——各测压管计算的检压液液面高度变化值，mm；

$\quad\quad\Delta h_i'$——各测压管实测的检压液液面高度变化值，mm；

$\quad\quad\Delta h$——温度压力对照管中检压液液面高度变化值，mm。

其中：

$$\Delta h = \frac{\Delta h_1 + \Delta h_2}{2} \tag{1-12}$$

$$\Delta h_1 = h_{2(t2)} - h_{1(t1)} \tag{1-13}$$

$$\Delta h_2 = h_{2(t2)} - h_{2(t1)} \tag{1-14}$$

$$\Delta h_i' = h_{i(t2)}' - h_{i(t1)}' \tag{1-15}$$

或　　　　　　　　　$$X_i' = K_i \cdot \Delta h_i \tag{1-16}$$

$$X_i = 1.429 K_i \cdot \Delta h_i \tag{1-17}$$

式中　X_i'——耗氧量，mL 或 μL；

　　　X_i——耗氧量，mg；

　1.429——氧的容重，g/L；

　　　K_i——各反应瓶的体积常数，已给出，测法及计算见《瓦呼仪的使用》一书。

$$C_i = \frac{X_i}{S_i} \tag{1-18}$$

式中　C_i——各反应瓶不同时刻，单位量活性污泥的耗氧量，mg/mg；

　　　X_i——各反应瓶不同时间的耗氧量，mg；

　　　S_i——各反应瓶中的活性污泥质量，mg。

（3）绘制曲线

以时间为横坐标，C_i 为纵坐标，绘制内源呼吸线及不同类型污水生化呼吸线，进行比较。分析含硫浓度对生化呼吸过程的影响及生物处理可允许的含硫浓度。

7. 实训结果讨论

① 分析瓦波呼吸仪的构造、操作步骤、使用注意事项。

② 利用瓦波呼吸仪为何能判定某种污水可生化性？

③ 何为内源呼吸，何为生物耗氧？

④ 利用瓦波呼吸仪还可进行哪些有关试验？

项目 1-13　活性污泥法处理有机废水实训

1. 实训背景

活性污泥法是利用人工培养和驯化的微生物群体去分解氧化废水中可生物降解的有机物，通过生物化学反应，改变这些有机物的性质，再把它们从污水中分离出来，从而使污水得到净化的方法。所谓活性污泥，是微生物群体及它们所吸附的有机物质和无机物质的总称。微生物以细菌为主，包括真菌、藻类、原生动物及后生动物等。细菌是净化功能的主体。污水中的溶解性有机物，是通过细胞膜而被细菌吸收的。固体和胶体状态的有机物是先由细菌分泌的酶分解为可溶性物质，再渗入细胞而被细菌利用的。

有机物在有氧条件下，通过好氧微生物的代谢作用被分解氧化，从不稳定需要耗氧的状态转化为不再需要耗氧的状态，最终生成 CO_2 和水。按照代谢产物，微生物的代谢作用分成合成代谢和分解代谢两部分。

微生物以废水中的有机物为食料，将一部分合成新细胞，而另一部分氧化分解以获得能量。与此同时，一部分微生物细胞物质自身也在氧化分解供应能量。这是生物的内源呼吸作用，它在有机物接近耗尽时，成为微生物获取能量的重要方式。这一系列生物化学反应，可用物料平衡关系图表示，见图1-15。

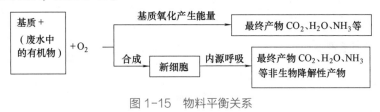

图1-15 物料平衡关系

2. 实训目的

① 通过实训加深对活性污泥法的理解和认识。

② 通过实训了解活性污泥法的操作指标及监测方法。

3. 实训条件

（1）装置

活性污泥法处理有机废水实训装置如图1-16所示。

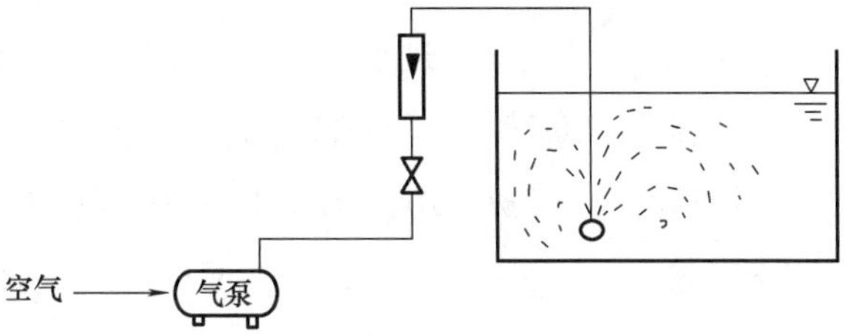

（2）设备与材料

① 空气泵，真空泵，烘箱，水槽，气体流量计。

图1-16 活性污泥法处理有机废水实训装置

② 分析天平，全玻璃回流装置。

③ 烧杯，布氏漏斗，滤纸，量筒等。

4. 实训操作过程

① 从污水厂取回性能良好的活性污泥，测定温度。将污泥装入水槽中，并调节温度与污泥温度一致，打开气泵，进行闷曝12h（以上工作由指导教师做）。

② 停止曝气，使污泥自由沉降至液面高度的1/2以下，吸出上清液。

③ 将污水加入曝气槽内，至原液面高度，同时开始曝气。7~8h后，认为污水中有机物已经被降解，即反应完毕。

④ 用100mL量筒取100mL曝气槽内混合液，静止30min测SV_{30}，记录。

⑤ 停止曝气，使污泥自由沉降至液面高度的1/2以下。吸出上清液，测定出水的COD。

⑥ 同时将测完SV_{30}量筒内的污泥进行抽滤或过滤，烘干2h，测污泥浓度C。

⑦ 重新加入污水，重复③~⑥步骤的操作。

5. 注意事项

① 曝气槽内混合液的温度须保持基本稳定，变化幅度不得超过1℃/h。

② 曝气槽内混合液中的营养配比要保持在 $m(C):m(N):m(P)=100:5:1$。

③ 每次进水温度要求与混合液温度一致，且进水浓度及水质应力求稳定。

6. 实训数据记录与整理

（1）记录实训条件

日期：＿＿＿＿＿＿年＿＿＿＿月＿＿＿＿日

进气时间：＿＿＿＿ h　　　　　　曝气槽内温度：＿＿＿＿℃

SV_{30}：＿＿＿＿　　　　　　　　污泥浓度（C）：＿＿＿＿ g/L

进水 COD：＿＿＿＿ mg/L　　　　出水 COD：＿＿＿＿ mg/L

（2）整理实训结果

① 污泥容积指数 $I(SVI)=[R(SV_{30})/C]\times10$。

② 废水中有机物去除率 $=[\rho(COD_{进})-\rho(COD_{出})]/\rho(COD_{进})\times100\%$。

③ $\rho(COD_{进})=[\rho(本次进水COD)+\rho(上次进水COD)]/2$。

④ 曝气槽容积负荷 $F_V=[\rho(COD_{进})\times V\times24\times1000]/(V\times t)=\rho(COD_{进})\times24000/t$。

⑤ 污泥负荷 $F_r=[\rho(COD_{进})\times V\times24\times1000]/(C\times V\times t)=[\rho(COD_{进})\times24000]/(C\times t)$。

以上二式中：V 是曝气槽容积，t 是曝气时间（h）。

7. 实训结果讨论

① SVI 的正常值在什么范围内？其值不同表示污泥性能如何？

② 容积负荷、污泥负荷是怎样定义的？

③ 曝气槽混合液中营养比是多少？比例失调会有什么后果？

④ 结合本实训结果，讨论该曝气槽中的活性污泥性质如何？

项目 1-14　完全混合式活性污泥法处理系统的观测和运行实训

1. 实训背景

活性污泥法是当前活水生物处理技术领域中应用最广泛的技术之一，它的主要意图就是采取适当的人工措施，创造适宜的条件，向反应器——曝气池中提供足够的溶解氧，满足活性污泥微生物生化作用的需要，并使得有机物、微生物、溶解氧三相充分混合，从而强化活性污泥微生物的新陈代谢作用，加速其对有机物的降解，以达到净化水体的目的。

（1）活性污泥净化反应过程

在活性污泥处理系统中，有机污染物被活性污泥微生物摄取、代谢、利用，即经过了"活性污泥反应"。该过程由两个阶段组成。

① 初期吸附作用。这是由于活性污泥有很强的吸附能力，可以在较短的时间内在物理吸附和生物吸附的共同作用下将污水中的有机物凝聚和吸附从而去除。

② 微生物代谢作用。在这一阶段中，吸附在活性污泥中的有机物在一系列酶的作用下被微生物摄取，一方面有机物得到降解去除，另一方面，微生物自身得到繁殖增长。

（2）活性污泥处理系统运行方式

在该处理系统中，可以认为污水或回流的污泥进入曝气池后，立即与池内已经处理而未被泥水分离的处理水充分混合。这种运行方式有以下几个特点：

① 对冲击负荷有较强的适应能力，适于处理浓度较高的工业废水。

② 污水在曝气池内均匀分布，各部位水质相同，污泥负荷（F/M）值相等，微生物群体的组成和数量几乎一致。

③ 相对于推流式活性污泥处理方式，污泥负荷率较高。

④ 相对于推流式活性污泥处理方式，曝气池内混合液的需氧速度均衡，动力消耗较低。

2. 实训目的

① 通过观察完全混合式活性污泥法处理系统运行，加深对其运行特点规律的认识。

② 通过对模型实训系统的调试和控制，初步培养进行小型模拟实训的基本技能。

③ 熟悉和了解活性污泥处理系统的控制方法。

3. 实训条件

（1）装置

完全混合式活性污泥法实训装置如图 1-17 所示。

（2）设备和仪表仪器

① COD 快速测定仪。

② 便携式溶解氧测定仪。

③ pH 计。

④ 温度计。

⑤ 小型空气泵 2~3 台或空压机 1 台。

（3）试剂

① 葡萄糖，100g。

② 氯化铵，50g 以上。

③ 磷酸二氢钾，20g 以上。

④ COD 快速测定仪专用氧化剂。

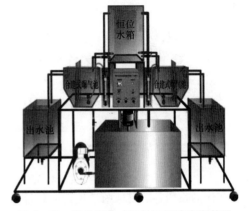

图 1-17 完全混合式活性污泥法实训装置

4. 实训操作过程

① 将待处理的污水注入水箱，将活性污泥装入曝气池中，调节好污泥回流缝及挡板高度。

② 调节进水流量，使流量界于 0.5~0.7mL/s（或按序批方式运行，即一次向反应器注入污水）。

③ 认真观察曝气池中的气水混合、污泥在二沉池中沉淀过程以及污泥从二沉池向曝气池回流的情况。若池中混合不好，可以稍微加大些曝气量，若沉淀池中污泥沉淀不理想应稍微减小污泥的回流量，若回流污泥不畅，应适当加大回流缝高度。

④ 测定曝气池内水温、pH 及溶解氧浓度。记录于表 1-18 中。

⑤ 测定进出水 COD，记录于表 1-18 中。

⑥ 根据测定的进出水 COD 计算在给定条件下的有机物除解率，见式（1-19）。

$$\eta = \frac{S_a - S_e}{S_a} \times 100\% \qquad (1-19)$$

式中　S_a——进水 COD 质量浓度，mg/L；

　　　S_e——出水 COD 质量浓度，mg/L。

5. 注意事项

（1）污泥负荷（COD）

污泥负荷是活性污泥生物处理系统在设计和运行上的一项重要参数，它表示曝气池内单位质量（kg）的活性污泥在单位时间（d）内能够接受并将其降解到预定程度的有机污染物量。它是决定有机污染物降解速度、活性污泥增长速度及溶解氧被利用的最重要的因素，按式（1-20）计算。

$$F/M = N_s = \frac{QS_a}{XV} \qquad (1-20)$$

式中　N_s——污泥负荷，kg/(kg·d)；

　　　F——有机物量，kg；

　　　M——微生物量，kg；

　　　Q——污水流量，m^3/d；

　　　S_a——原污水中有机污染物（COD）的浓度，mg/L；

　　　X——混合液悬浮固体（MLSS）浓度，mg/L；

　　　V——曝气池有效容积，m^3。

（2）污泥龄

污泥龄指的是曝气池内活性污泥总量与每日排放污泥量之比，它表示活性污泥在曝气池内的平均停留时间，按式（1-21）计算。

$$Q_c = \frac{VX}{[Q_wX_r+(Q-Q_w)X_e]} \tag{1-21}$$

式中 Q_c——污泥龄，d；

V——曝气池有效容积，m^3；

X——曝气池内污泥浓度，mg/m^3；

Q_w——作为剩余污泥排放的污泥量，m^3/d；

X_r——剩余污泥浓度，mg/m^3；

Q——污水流量，m^3/d；

X_e——排放处理水中的悬浮固体浓度，mg/m^3。

（3）溶解氧浓度

氧是以好氧为主的活性污泥微生物种群维持生命的必须物质。在活性污泥净化反应过程中，必须提供足够的溶解氧，否则微生物生理活动和处理进程都要受到影响，溶解氧浓度不宜低于2mg/L。

6. 实训数据记录与整理

完全混合式活性污泥法处理系统的观测和运行实训记录见表1-18。

表1-18　　　　　完全混合式活性污泥法处理系统的观测和运行实训记录

实际曝气量：＿＿＿＿＿＿　　　　　　　　　　　　　　　　　　　日期：＿＿＿＿＿＿

时间/h	COD/（mg/L）	DO/（mg/L）	pH	水温/℃
原水	1314	9.08	7.24	16.7
0.5	665	9.00	7.30	16.8
1.5	817	9.00	7.40	16.5
2.5	550	9.00	7.42	16.4
3.0（出水）				

7. 实训结果讨论

① 简述完全混合式活性污泥法的优缺点。

② 影响活性污泥法处理系统的因素有哪些？

③ 本实训装置与传统的活性污泥系统实训装置有何不同？

项目 1-15　A2O 工艺城市污水处理实训

1. 实训背景

厌氧-缺氧-好氧（A2O）工艺是污水除磷脱氮技术的主流工艺，同常规活性污泥相比，不仅仅能生物去除 BOD，而且能去除氮和磷，这对于防止水体富营养化的加剧有重要的作用。

2. 实训目的

① 了解 A2O 工艺的组成、运行操作要点。

② 确定去除率高、能量省的运行参数，指导生产运行。

③ 针对一些工业污染源对该工艺运行中的冲击，提出准确的判断，避免造成较大的事故。

④ 用实践经验培训学生、技术人员、操作人员，考核其独立的工作能力，提高人员的技术素质和企业管理水平。

⑤ 利用装置运输方便的特点，可以在拟建污水厂的现场，进行污水处理可行性的试验。

3. 实训条件

（1）装置

A2O 法污水处理实训装置如图 1-18 所示。

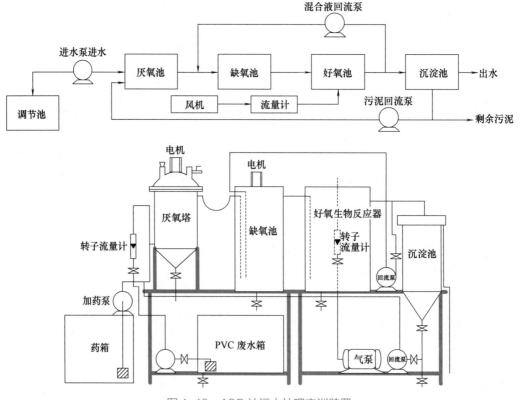

图 1-18　A2O 法污水处理实训装置

（2）设备和仪表仪器

① 本实训装置主要由透明有机玻璃制成，包括厌氧池、缺氧池、好氧池、沉淀池，内有曝气管 1 套、微型曝气器 1 套、进水管 1 套、排水管 1 套、回流管 1 套、加药口 1 个、放气阀

门 1 个。

② 配套装置有配水箱 2 只、水泵 2 台、加药蠕动泵 1 台、污泥回流蠕动泵 1 台、气体流量计 1 个、液体流量计 1 个、低噪音充氧风机 1 台、调速电机 2 台、不锈钢搅拌器 2 套、调速器 2 个、气管 1 套、阀门、连接管道、阀门、金属电控制箱 1 只、漏电保护开关 1 套、按钮开关 7 个、电源线、不锈钢台架 1 套等。

4. 实训操作过程

① 检查整套装置是否齐全，管道、电源是否接通，清扫各池内的杂物。

② 接上进水泵电源，用清水试漏，检查装置是否漏水，接上风机，曝气是否正常，如有问题立即修复。

③ 微生物接种，从污水厂二沉池取来 20L 活性污泥，稀释后倒入好氧生物池内，随即接上风机，进行曝气。气水比（20~30）∶1（有条件的投加少量琼脂、葡萄糖营养物）。

④ 厌氧、缺氧、好氧三个不同过程的交替循环。具体如下：

a. 厌氧池：如图 1-18 所示，污水首先进入厌氧区，兼性厌氧的发酵细菌将水中的可生物降解有机物转化为挥发性脂肪酸（VFA_S）低分子发酵产物。除磷细菌可将菌体内存贮的聚磷分解，所释放的能量可供好氧的除磷细菌在厌氧环境下维持生存，另一部分能量还可供除磷细菌主动吸收环境中的 VFA 类低分子有机物，并以聚 β-羟丁酸（PHB）的形式在菌体内贮存起来。

b. 缺氧池：污水自厌氧池进入缺氧区，反硝化细菌就利用好氧区中经混合液回流而带来的硝酸盐，以及污水中可生物降解有机物进行反硝化，达到同时去碳及脱氮的目的。

c. 好氧池：最后污水进入曝气的好氧区，除磷细胞除了可吸收、利用污水中残剩的可生物降解有机物外，主要是分解体内贮积的 PHB，产生的能量可供本身生长繁殖。此外还可主动吸收周围环境中的溶解磷，并以聚磷的形式在体内贮积起来。这时排放的出水中溶解磷浓度已相当低，这有利于自养的硝化细菌生长繁殖，并将氨氮经硝化作用转化为硝酸盐。非除磷的好氧性异样菌虽然也能存在，但它在厌氧区受到严重的压抑，在好氧区又得不到充足的营养，因此在与其他生理类群的微生物竞争中处于相对劣势，排放的剩余污泥中，由于含有大量能超量贮积聚磷的贮磷细菌，污泥含磷量最高可以达到 6%（干重），因此大大提高了磷的去除效果。等正常运转后，采水样分析各项指标，各监测项目见表 1-19。

表 1-19　　　　　　　　　　　　　　水样的监测项目

取样点	分析项目
进水	Q, pH, COD, BOD_5, 溶解性 BOD_5, 溶解性 COD, TKN, NH_3-N, NO_2-N, NO_3-N, SS, VSS, TP, PO_1-P, 碱度
厌氧池	DO, T, SV, SVI, MLSS, MLVSS
缺氧池	DO, T, SV, SVI, MLSS, MLVSS, NO_2-N, NO_3-N

续表

取样点	分析项目
好氧池	DO, T, SV, SVI, MLSS, MLVSS, NO_2-N, NO_3-N, TP
混合液回流	Q, MLSS, MLVSS, BOD_5, COD, NO_2-N, NO_3-N, TP
回流污泥	Q, MLSS, MLVSS, BOD_5, COD, NO_2-N, NO_3-N, TP
二沉池出水	Q, pH, COD, BOD_5, 溶解性 BOD_5, 溶解性 COD, TKN, NH_3-N, NO_2-N, NO_3-N, SS, VSS, TP, PO_1-P, 碱度

5. 注意事项

① 首先必须弄清楚组成装置的所有构筑物、设备和连接管路的作用，以及相互之间的关系，了解装置的工作原理。在此基础上，方可开始装置的启动和运行。

② 启动。经清水试运行，确认设备动作正常，池体和管路无漏水时，方可开始微生物的驯化和培养。接种污泥可取自城市污水处理厂回流泵房的活性污泥，数量为厌氧池、缺氧池、好氧池和沉淀池的有效容积。开始运转时，全部设备均启动，进水流量可从小开始，回流量也相应减小，污泥全部回流，不排放剩余污泥，以培养异养菌、贮磷菌、硝化菌、脱氮菌等，提高系统 MLSS、固定进水流量及混合液回流比（如50%）。开启厌氧池和缺氧池搅拌器，速度尽量小，以不产生污泥沉淀即可，开启好氧池气泵进行曝气，曝气强度应使好氧池溶解氧 DO 达到 2mg/L。当系统 MLSS 达到 3000~5000mg/L 时，试验参数稳定，出水水质良好，可逐渐加大进水流量，相应加大回流流量。视沉淀池内污泥积累情况，定时开启剩余污泥蠕动泵，其流量视二沉池中的污泥层厚度和泥龄而定，不能放空。同时，固定污泥回流比。此时检测出水水质。如果 COD，SS，NH_3-N，TP 等达标且系统状态稳定，就可以认为启动阶段结束。典型运行参数见表 1-20。

表 1-20　　　　　　　　　　　　　　　　典型运行参数

项　　目	范　　围
污泥负荷/{kg(BOD_5)/ [kg(MLSS) · d] }	0. 15 ~ 0. 25
污泥龄/d	15 ~ 27
MLSS/(mg/L)	3000 ~ 5000
污泥回流比/%	20 ~ 50
混合液回流比/%	100 ~ 300
DO/(mg/L)	厌氧 <0.3；缺氧 <0.5；好氧 1.5 ~ 2.5

③ 提高脱氮与除磷效果的措施如下。

提高脱氮率的措施：

a. 降低系统容积负荷可提高去除率。

b. 反硝化需要碳源，投加甲醇可提高去除效果。

c. 硝化反应需要碱度，因此控制 pH 很重要。如原水碱度不足，应投加碱度或考虑前置反硝化工艺（因反硝化产生碱度，可部分补充）。

d. 因硝化菌的生长世代周期较长，所以提高泥龄能够充分地进行硝化反应，提高脱氮率。

提高除磷效果的措施：

a. 适当增加厌氧区水力停留时间，以使磷得到充分的释放。

b. 适当增大缺氧池的池容，这样会提高脱氮效果，以降低回流污泥中硝酸盐的含量。

c. 污泥回流至缺氧池，缺氧池至厌氧池增设二级混合液回流，这样进入厌氧池的混合液硝酸盐含量可降至最低（UCT 工艺）。

d. 设前置厌氧/缺氧调节池，将污泥回流至调节池，以去除其中的硝酸盐，保证其后的厌氧池最佳状态运行（改良 A2O 工艺）。

e. 可将各区分段，利用有机物的梯度分布促进除磷脱氮（VIP 工艺）。

6. 实训数据记录与整理

记录水样各项指标数据。

7. 实训结果讨论

填表 1-21 并讨论主要因素对污水处理效果的影响。

表 1-21　　　　　　　　　　各主要因素对污水处理效果的影响

因　素	影　响
温度 T	
溶解氧 DO	
pH	
C/N，C/P	
出水 SS	
泥龄	
水力停留时间 HRT	
同流比	
硝态氮	
有毒物质	

项目　1-16　SBR 反应器处理生活污水实训

1. 实训背景

SBR 是序批式（间歇）活性污泥法的简称。它是近年来在国内外引起广泛重视和研究日趋增多的一种污水生物处理新技术。目前已有一些生产性装置在运行之中。主要运用在以下几个污水处理领域：城市污水处理；工业废水处理，主要有味精、啤酒、制药、焦化、餐饮、造纸、印染、洗涤、屠宰等工业的污水处理。本实训为城市生活污水处理的模仿实训，通过收集校园内的生活污水，采用 SBR 工艺对其进行处理。

2. 实训目的

① 通过本实训，让学生对城市生活污水的处理工艺有较深入的了解，特别是对 SBR 工艺的操作和调控，从而培养学生的动手能力。

② 熟练掌握测定常规水质指标的方法，如 DO，COD，NH_4-N，pH，温度等的测定。

③ 通过实际操作了解污水处理常规构筑物及其作用，如 SBR 反应器等。

④ 在实训中遇到问题时，能用所学知识分析出原因，并且对其进行解决，培养理论联系实际和分析问题的能力。

3. 实训条件

（1）装置

实训用 SBR 反应器为有机玻璃圆柱，内径 10cm，高度 200cm，有效容积 15.5L，在距离顶部 80cm 和 150cm 处分设出水口 a 和 b，在实训过程中通过改变出水口的位置来控制反应器的容积负荷和污泥的最小沉降速率，同时在底部设置微孔曝气器，由空气压缩机经空气流量计供气，控制反应柱内表面气体流速为 0.017m/s。反应器周期分为进水、曝气、沉淀和排水四个阶段，其运行由时间继电器和电磁阀等控制。整个装置在室温下运行，实训装置见图 1-19。

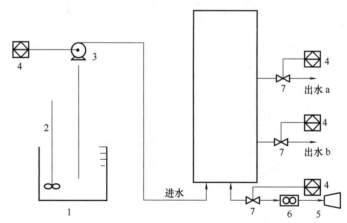

1—进水箱；2—搅拌器；3—蠕动泵；4—PLC 时间控制器；5—空压机；6—流量计；7—电磁阀。

图 1-19 SBR 反应器处理生活污水实训装置

（2）设备和仪表仪器

① COD 测定。COD 测定仪（DRB200 消解器、DR2010 分析仪、预制试剂管 13mm），COD 消解液，硫酸汞。

② NH$_3$-N 测定。721 分光光度计，比色皿，比色管，纳什试剂，酒石酸钾钠。

③ DO 测定。溶解氧测定仪。

④ 温度测定。温度计。

⑤ 污泥沉降比及污泥浓度测定。称量瓶，漏斗，量筒。

⑥ pH 测定。pH 试纸。

⑦ 其他。洗耳球，各种型号移液管，蒸馏水，滤纸，DHG-9145A 型电热恒温鼓风干燥箱，量杯，取样瓶，药匙，锥形瓶，玻璃棒，分析天平，试管架。

4. 实训操作过程

本实训主要是运用实训室的城市污水处理厂工艺流程模型，对一般的城市生活污水的处理过程进行模拟，以使同学们对生活污水的一般处理步骤有较为直观的认识。

本实训分为两个阶段：

第一个实训阶段为活性污泥的培养阶段。活性污泥取来后，放入 SBR 反应器中进行培养。以生活污水和葡萄糖作为营养源。按照所调工况，对实训进行各个阶段的操作。在培养期间，需要观察活性污泥的生长情况，每天需采集一次污泥样品，以及测定 30min 时的污泥沉降比（SV$_{30}$）和污泥浓度。通过这些数据判断其生长是否良好，有无发生污泥膨胀现象，并根据分析结果采取相应的改进措施。同时，还需对培养过程中的一些基本数据进行测定，主要的测定项目有：溶解氧 DO，进出水的 COD，氨氮（NH$_3$-N）等，根据这些数据的变化来判断工况运行是否正常以及污泥是否已经培养完成。

第二个实训阶段为污水的正式处理阶段。待污泥培养完成后，就可以开始本阶段的实训。由于 SBR 属于在时间上进行推进的反应器，其各个阶段的时间可根据实际情况进行调整。SBR 法工艺流程中，一个池体大致分为进水期、反应期、沉降期、排水期和闲置期 5 个阶段，如图 1-20 所示。在这 5 个阶段完成均化、初沉、生物沉解、终沉等活性污泥处理过程。由污水进水水质、出水要求来确定各阶段的运行时间、混合液的体积化、运行状态以及曝气量。

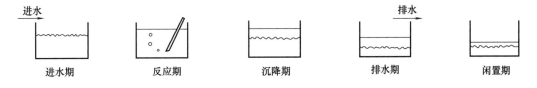

图 1-20　SBR 法工艺流程

SBR 法是一种按连续进水、间歇排水周期循环，间歇曝气式活性污泥污水处理技术。从废水的流入开始到待机时间结束为一个周期（表 1-22），一切过程都在一个设有曝气或搅拌装置的 SBR 反应池内进行，不必另外设置沉淀池和污泥回流泵等装置。SBR 工艺对污染物质降解是一个时间上的推流过程，集反应、沉淀、排水于一体，是一个好氧、缺氧、厌氧交替运行的过程，因此具有一定脱氮除磷效果。将废水中的氮化合物转化成硝酸盐，进而转化成氮气，使出水的含氨氮量大大地降低，能够有效地去除废水中的悬浮固体（SS）和 BOD_5。

（1）进水阶段

在进水之前，反应池中残存着高浓度的活性污泥混合液。进水阶段即污水注入阶段，反应池起到了调节和均质的作用，此阶段可曝气或不曝气。

（2）反应阶段

反应阶段是最主要的一道工序，它是停止进水后的生化反应过程，根据需要可以在好氧或缺氧的条件下进行，也可以在两种条件下交替进行，但一般是以好氧为主，以去除氮、磷、BOD_5。

（3）沉淀阶段和排水阶段

沉淀阶段停止曝气，澄清出水、浓缩污泥。经过一定时间的沉淀，进入排水阶段，利用排水装置将经过沉淀的上清液排出反应池。

（4）闲置阶段

排水结束到第二次进水的间隔为闲置阶段。在此期间，应轻微或间断的曝气，避免污泥的腐化。闲置后，污泥处于内源代谢阶段，吸附的能力增强，加强了去除作用。

表 1-22　　　　　　　　　　　　SBR 反应器的运行程序

程序	进水	曝气	沉淀	排水	一周期
时间/h	1.0	2.0~3.0	1.0	0.5	4.5~5.5

5. 注意事项

① 将实训内容以及相关的资料通读、熟悉之后才能进行实训。

② 从校园收集的生活污水要具有一定的代表性。

③ 活性污泥培养的具体方法参考以前做过的实训。

6. 实训数据记录与整理

① 待实训操作过程结束后，需要对各个测定数据进行相关处理比较。

② 检测项目有 COD，BOD_5，TN，NH_3-N，TP。

③ 根据处理结果，对各实训过程进行相关分析，得出实训结论。

④ 计算去除率以及污泥负荷（MLSS）。

7. 实训结果讨论

① SBR 工艺又称程序式活性污泥法或间遏式活性污泥法，它的运行方式是什么？

② 在 SBR 运行工序中，如何去除氨氮？

项目 1-17　MBR 污水处理实训

1. 实训背景

MBR 污水膜生物反应器污水处理装置是一体式膜生物反应器的试验装置。膜生物反应器是膜技术污水生物处理技术有机结合产生的污水处理新工艺，其生产和发展是这两类知识应用和发展的必然结果。膜技术和污水生物处理技术学科交叉、结合，开辟了污水处理技术研究和应用的新领域。

2. 实训目的

① 了解膜生物反应器的构造和工作原理。

② 掌握膜生物反应器的设计和运作的参数。

③ 测定膜生物反应器处理各种污水的效果。

④ 探索防止膜污染的方法和膜清洗的方法。

3. 实训条件

（1）装置

分置式膜生物反应器和一体式膜生物反应器实训装置各一套，如图 1-21 所示。

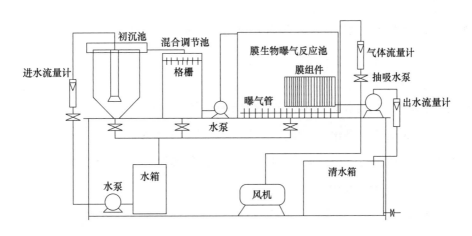

图 1-21　膜生物反应器实训装置

（2）设备和仪表仪器

① 调节水箱。　　　　　　　⑦ 气体流量计。

② 进水泵。　　　　　　　　⑧ 膜生物反应器。

③ 膜组件。　　　　　　　　⑨ 100mL 量筒，秒表，DO 仪，污泥浓

④ 风机。　　　　　　　　　　　度计或天平，烘箱。

⑤ 液体流量计。　　　　　　⑩ COD 测定仪或测定装置及相关药剂。

⑥ 球阀。

4. 实训操作过程

膜生物反应器（MBR）是膜分离技术与生物处理方法的高效结合，在该污水处理系统中，有机污染物的处理由活性污泥承担，而出水则由膜承担，从而实现了真正意义上的泥水分离。与常规活性污泥法相比，膜生物反应系统可具有较高的污泥浓度和较长的污泥停留时间，再加上膜的分离作用，有效地保证了处理后出水的水质。

① 污水由配水箱的进水泵输送到放置沉淀池内沉淀半小时后，自然流入混合调节池调节后到一组膜组件的有机玻璃池中。

② 风气泵向有机玻璃柱中曝气，满足承担污水处理功能的活性污泥中微生物所需的氧气，同时利用气泡上升形成的涡流冲刷膜的表面。

③ 有机玻璃池中的污水流入浸泡在池中的中空纤维膜组件微空管内，在水池重力或抽水泵的抽升作用下，微孔管内的水流汇集后流出有机玻璃池外。

5. 注意事项

做实训前一定要把中空纤维膜组件用酒精浸泡 3~5h。

6. 实训数据记录与整理

① 测定清水中膜的透水量，用容积法测定不同时间膜的透水量。

② 活性污泥的培养与驯化，污泥达到一定浓度后即可开始实训。

③ 根据一定的气水比、循环水流量和污泥负荷运行条件，测定一体式膜生物反应器在不同时间膜的透水量、COD 和 MLSS 值。

④ 改变循环水流量，当运行稳定后，测定分置式膜生物反应器膜的透水量、COD 和 MLSS。

⑤ 改变气水比，当运行稳定后，测定一体式膜生物反应器膜的透水量、COD 和 MLSS。

⑥ 将实训数据填入表 1-23 中。

表 1-23　　　　　　　　　　MBR 污水处理实训数据记录　　　　　　　日期：_____

时间/min	进水 COD/（mg/L）	一体式 MBR		分置式 MBR	
		透水量/（mg/L）	出水 COD/（mg/L）	透水量/（mg/L）	出水 COD/（mg/L）
备注		气水比：_____ MLSS=_____g/L DO=_____mg/L		循环流量比：_____ MLSS=_____g/L DO=_____mg/L	

7. 实训结果讨论

① 简述分置式 MBR 与一体式 MBR 在结构上有何区别？各自有何优缺点？

② 影响分置式 MBR 透水量的主要因素有哪些？

③ 影响一体式 MBR 透水量的主要因素有哪些？

④ 膜受到污染透水量下降后如何恢复其透水量？

项目 1-18　电动生物转盘污水处理实训

1. 实训背景

生物转盘是一种利用生物膜净化污水的设备。生物转盘处理是一种净化效果好、能源消耗低的生物处理技术。通常生物转盘处理系统中除生物转盘外，还需要包括初次沉淀池和二次沉淀池。本模型只有生物转盘，不包括分离脱落生物膜的二次沉淀池，主要组成部分有转动轴、转盘、废水处理槽和驱动装置。本实训装置既是生物转盘内部构造的演示装置，又是生物转盘法处理污水的实训装置。

2. 实训目的

① 通过对有机玻璃装置直接观察，加深对其构造的认识，弄懂各部分的名称和功能。

② 通过实训装置的动态运行，掌握生物转盘法处理污水的技术，理解该法的特征。

3. 实训条件

（1）装置

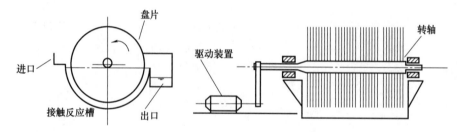

图 1-22　生物转盘实训装置

生物转盘实训装置如图 1-22 所示，其构造组成如下：

① 盘体一般由塑料制成，盘片间距通常为 15~30mm。

② 曝气生物转盘的接触反应槽通常为淹没式，底部设有排泥、放空管，两侧设有进出水管。

③ 转动轴是支承盘片并带动其旋转的重要部件，轴两端要装于固定氧化槽两端的支座上，转轴通常采用实心钢轴或无缝钢管。

（2）设备和仪表仪器

① 生物转盘实训装置（单轴 3 级），1 套。

② 温度计。

③ 酸度计或 pH 试纸。

④ 测定 BOD_5，COD，SS 等的分析仪器、化学试剂和玻璃仪器。

4. 实训操作过程

① 盘片挂膜，接种培养生物膜成功后即可开始实训。

② 通电使生物转盘转动，开泵将水箱内的原水经计量打入生物转盘氧化槽内。可根据污水处理程度调节进水流量。

③ 运行一段时间系统稳定后，分别测定各级的水温、pH 和进出水 COD。

④ 将实训数据填入表 1-24 内。

5. 注意事项

① 注意环境温度为 5~40℃。

② 设计处理水量为 2~5L/h。

③ 设计进出水水质范围：

进水 BOD_5	300~600mg/L	出水 BOD_5	30~60mg/L
进水 COD	500~1000mg/L	出水 COD	50~100mg/L
进水 SS	100~300mg/L	出水 SS	30~40mg/L
进水 pH	6~9	出水 pH	6~9

6. 实训数据记录与整理

① 计算在给定条件下生物转盘各级有机物去除率 η_i 和总的有机物去除率 η，见式（1-22）和式（1-23）。

$$\eta_i = \frac{S_{ai} - S_{ei}}{S_{ai}} \times 100\% \qquad (1-22)$$

$$\eta = \frac{S_a - S_e}{S_a} \times 100\% \qquad (1-23)$$

式中　S_a——进水有机物浓度，mg/L；

　　　S_e——出水有机物浓度，mg/L；

　　　S_{ai}——第 i 级进水有机物浓度，mg/L；

　　　S_{ei}——第 i 级出水有机物浓度，mg/L。

② 实训数据记录在表 1-24 中。

表 1-24　　　　　　　　　　生物转盘污水处理实训记录　　　　　　　　日期：_____

COD/（mg/L）				备注
第 1 级进水	第 1 级出水	第 2 级进水	第 2 级出水	
				转速：_____
				进水水温：_____
				进水 pH：_____
				出水 pH：_____

7. 实训结果讨论

① 简述生物转盘净化污水的机理。

② 生物转盘构造及运行特点是什么？

③ 生物转盘的转速过大或过小有什么问题？

项目 1-19　UASB 渗漏液厌氧反应器水处理实训

1. 实训背景

渗漏液厌氧生物处理技术不仅用于有机污泥、高浓度有机废水的处理，而且还能够用于低浓度污水的处理。与好氧生物处理技术相比较，厌氧生物处理具有有机物负荷高、污泥产量低、能耗低等一系列明显的优点。升流式厌氧污泥床（UASB）是厌氧生物处理的一种主要构筑物，它集厌氧生物反应与沉淀分离于一体，有机负荷和去除效率高，不需要搅拌设备。本模型是升流式厌氧污泥床的教学实训设备。

2. 实训目的

① 了解 UASB 的内部构造。

② 掌握 UASB 的启动方法，颗粒污泥的形成机理。

③ 就某种污水进行动态试验，以确定工艺参数和处理水的水质。

3. 实训条件

（1）装置

反应区中的污泥层高度约为反应区总高度的 1/3，但其污泥量约占全部污泥量的 2/3 以上（图 1-23）。由于污泥层中的污泥量比悬浮层大，底物浓度高，酶的活性也高，有机物的代谢速度较快，因此，大部分有机物在污泥层被去除。研究结果表明，废水通过污泥层已有 80% 以上的有机物被转化，余下的再通过污泥悬浮层处理，有机物总去除率达 90%。

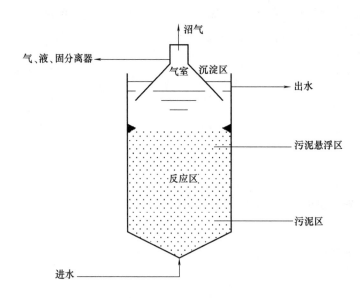

图 1-23　渗漏液厌氧反应器水处理实训装置

（2）设备和仪表仪器

① 装置本体用有机玻璃制作为 1 套圆柱体，直径 150mm，高度 2000mm。上部为三相分离器 1 组，其上有进水阀、排泥阀、出水阀、气阀等。

② 配套装置有不锈钢加热恒温水箱 1 套（一般保持 35~55℃）、温度控制系统 1 套、恒流水泵 1 台、循环水泵 1 台、湿式气体流量计 1 台、可编程时间控制器 1 套、铜阀门取样口 5只、连接管道、阀门、金属电控箱 1 只、漏电保护开关 1 套、按钮开关 3 个、电压表 1 个（0~250V）、电源线、废水水箱及不锈钢台架 1 套。

4. 实训操作过程

① UASB 的工作形式是废水自下而上通过污泥床，在底部有一个高浓度、高活性的污泥层，大部分的有机物在这里被转化为 CH_4 和 CO_2。

② 由于产生污泥消化气，在污泥层的上部可形成一个污泥悬浮层。

③ 反应器的上部为澄清区，设有三相分离器，完成沼气、污水、污泥三相的分离。被分离的消化气体从上部导出，被分离的污泥则自动落到下部反应区。

5. 注意事项

① 注意计量水泵、循环水泵等设备是否正常运行。

② 注意水箱水位是否正常。

③ 注意沼气流量计显示是否处于合理范围。

④ 注意有机玻璃反应柱水位是否正常。

6. 实训数据记录与整理

UASB 渗漏液厌氧反应器水处理实训数据记录在表 1-25 中。

表 1-25　　　　　　　UASB 渗漏液厌氧反应器水处理实训数据记录　　　　日期：_____

时间/h	BOD_5/(mg/L)	COD/(mg/L)	SS/(mg/L)	pH
原水				
0.5				
1.0				
1.5				
2.0				
2.5				
3.0				
3.5				
4.0				
出水				

7. 实训结果讨论

① 分析有机物总去除率的影响因素。

② 分析温度对去除率的影响。

③ 分析沼气流量的影响因素。

④ 有机玻璃反应柱水位如何控制？

项目 1-20　固定床离子交换实训

1. 实训背景

固定床离子交换水处理设备是指离子交换各基本过程在同一设备内的不同时间里分别完成，而离子交换剂本身又在设备中基本固定不动的水处理设备。

2. 实训目的

① 掌握固定床离子交换的试验方法。

② 以实验室自来水为给水，观察离子交换过程中随时间的变化不同离子交换柱出水的 pH 及电导率的变化，进一步了解离子交换的原理和过程。

3. 实训条件

（1）装置

固定床离子交换实训装置如图 1-24 所示。

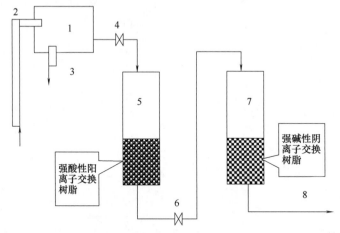

1—恒压水箱；　2—恒压水箱溢流管；　3—恒压水箱进水管（接自来水管）；　4—流量控制阀门；

5—阳离子交换柱，内装强酸性阳离子交换树脂；　6—中间试样取样阀门；

7—阴离子交换柱，内装强碱性阴离子交换树脂；　8—出水管。

图 1-24　固定床复合离子交换柱装置

（2）设备和仪表仪器

① 固定床复合离子交换装置，1 套。　　　③ 电导率仪，326 型。

② pH 计，320 型。　　　　　　　　　　　④ 秒表，1 块。

⑤ 洗瓶，1 个。　　　　　　　　　　　⑦ 小塑料盆，1 个。

⑥ 量筒，500mL，1 个。

4. 实训操作过程

① 首先对照图 1-24 和实际的实训装置，熟悉所用离子交换柱的组成及各部分的作用。

② 熟悉所用 pH 计和电导率仪的使用方法和注意事项，详细阅读说明书。

③ 准备好取样和流量测量的器具。

④ 打开连通恒压水箱进水口的自来水阀门，调节流量使恒压水箱溢流口有适当水流出，保持恒压水箱内液面恒定，注意在实训中观察恒压水箱的液面，使其保持不变。

⑤ 用取样杯从溢流口取样，测定自来水的 pH 和电导率。

⑥ 打开恒压水箱的出水阀门并开到最大，同时开始用秒表计时。

⑦ 在交换柱的出水管处用秒表和量筒测定流量，测定时间为 1min 左右，把结果填入表 1-26。

⑧ 开始计时后 10min 内，每隔一定时间从出水管和中间取样阀门同时取样，取样量为取样杯的 2/3 左右。分别测定试样的 pH 和电导率，把测定结果填入记录表 1-26 中。取样的时间间隔可参考表 1-26，但要使交换树脂达到饱和。同时观察随时间的推移交换树脂的颜色有无变化。

5. 注意事项

① 对实训的目的和步骤有详细的了解。

② 实训过程中要认真观察和记录实训现象。

③ 分别绘出阳离子交换柱出水和阴离子交换柱出水 pH 和电导率随时间的变化曲线。

6. 实训数据记录与整理

固定床离子交换柱实训数据记录在表 1-26 中。

7. 实训结果讨论

① 电导率的物理意义是什么？

② 为什么用测定电导率的方法来检测交换的结果？有无其他方法？

③ 测定阳离子交换柱出水 pH 和电导率的目的是什么？

④ 离子交换树脂如何再生？

表 1-26　　　　　　　　固定床离子交换柱实训记录　　　水流量：_____ mL/min

取样时间/min	试样			
	阳离子交换柱出水		阴离子交换柱出水	
	pH	电导率/(μS/cm)	pH	电导率/(μS/cm)
10				
20				
30				
50				
80				

02

模块二

大气污染治理

项目 2-1　烟气状态（温度、压力、含湿量）、流速及流量的测定实训

1. 实训背景

大气污染的主要来源是工业污染源排出的废气，其中烟气造成的危害极为严重，因此，烟气的测定是大气污染源监测的主要内容之一。而烟气的温度、压力、含湿量对计算烟气流速、流量等烟气参数非常重要，因此烟气测定在大气评价、检验污染物的排放标准以及验证空气净化设备的功效等方面起到了不可低估的作用。

2. 实训目的

① 了解测量烟气温度、压力、含湿量等参数的原理，学会测量各参数的全过程。

② 掌握各种测量仪器的使用方法及注意事项。

③ 掌握各种烟气参数的计算方法。

3. 实训条件

（1）原理

① 测温原理。热电偶是根据两根不同金属导线在结点处所产生的电位差随温度而变的原理制成的。当结点处于不同温度时，便产生热电势。温差越大，热电势越大。而毫伏计指针偏转程度是随热电偶的热电势而变的。用毫伏计测出热电偶的热电势，就可以计算得到工作端所处的环境温度。

② 测压原理。常见的压力测量仪器为 U 型管压差计，但一般排气烟道中无论是静压还是全压都较低，采用倾斜压力计的测量精度较高。倾斜压力计是由一个截面积较大的容器和一个截面积小得多的斜玻璃管连通而成，以酒精作为测压液体，当与毕托管相连时，将斜管中液面高度换算后可得烟气的压力（全压，静压，动压）。

③ 测湿原理。

a. 重量法：从烟道中抽出一定体积的烟气，使之通过装有吸湿剂的吸收管，烟气中水蒸气被吸湿剂吸收，吸收管的增重即为已知体积烟气中含有的水气量。

b. 干湿球法：让烟气以一定速度流过干湿球温度计，根据干湿球温度计的读数来确定烟气中的水气量。

（2）设备和仪表仪器

① 透明有机玻璃进气管段 1 副，配有动压测定环，与数据采集系统配合使用，可测定进

口管道流速和流量。

② 自动粉尘加料装置（采用调速电机），用于配制不同浓度的含灰气体。

③ 入口管段采样口，数据采集装置在此测定入口气体粉尘浓度；也可利用毕托管和微压计在此处手动测定管道流速。

④ 除尘器入口、出口测压环，与数据采集系统一起用来测定旋风除尘器的压力损失。

⑤ 有机玻璃旋风除尘器主体（底部为法兰连接可拆卸卸灰装置）。

⑥ 出口管段采样口，数据采集系统在此进行出口气体粉尘浓度的测定。

⑦ 风量调节阀，用于调节系统风量。

⑧ 高压离心通风机，为系统运行提供动力。

⑨ 数据采集系统，用于气体流量，设备压损和粉尘浓度等参数的测定。

4. 实训操作过程

（1）采样位置的选择

① 圆形烟道。采样点分布如图 2-1（a）所示，将烟道的断面划分为适当数目的等面积同心圆环，各采样点均在等面积的中心线上，所分的等面积圆环数由烟道的直径大小而定。

② 矩形烟道。将烟道断面分为等面积的矩形小块，各块中心即采样点，见图 2-1（b）。不同面积矩形烟道等面积小块数见表 2-1。

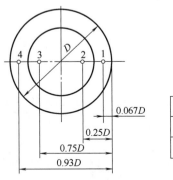

(a) 圆形烟道采样点分布   (b) 矩形烟道采样点分布

图 2-1 圆形和矩形烟道采样点分布

表 2-1　　　　　　　　　　矩形烟道的分块和测点数

烟道断面面积/m²	等面积块数/个	测点数/个
0~1	2×2	4
1~4	3×3	9
4~9	4×3	12

（2）烟气温度的测定

实训中采用热电偶及便携式测温毫伏计联合进行测量，将热电偶的热端（工作端）伸入被测的烟气中（按预先测定好的位置），将热电偶冷端置于不变的温度中，一般放在保持 0℃的恒温器中，从测温毫伏计指针偏转可得烟气的温度。由于现场条件困难，不一定是 0℃，故采用修正方法，见公式（2-1）。

$$E(t,t_0)=E(t,t_1)+E(t_1,t_0) \tag{2-1}$$

式中　t——被测烟气的真实温度,℃；

　　　t_1——冷端温度，即测试地点的环境温度,℃；

　　　t_0——0℃。

测温毫伏计与热电偶的技术数据、热电偶型号、种类、测量范围及外接电阻必须匹配，具体数据可从相关手册中查取。

（3）烟气压力的测定

测量烟气压力的仪器为毕托管和倾斜压力计。毕托管可分为 L 型和 S 型两类。L 型为标准型，测量较精确，但孔径较小，适合于测量不含颗粒或雾滴的气流；S 型毕托管的管径较大，不易堵塞，适用于含尘浓度较大的烟道。毕托管是由两根不锈钢管组成，测端做成方向相反的两个互相平行的开口，如图 2-2 所示。测定时，一个开口面向气流，测得全压（P_t），另一个背风面的口测得的则为静压 P_s，两者之差便是动压 ΔP，见公式（2-2）。

$$P_t=P_s+\Delta P \tag{2-2}$$

式中　P_t——全压，Pa；

　　　P_s——静压，Pa；

　　　ΔP——动压，Pa。

1—开口；　2—橡皮管。

图 2-2　毕托管的构造

由于背向气流的开口有吸力影响，所以净压与实际值有一定误差，因而事先要加以校正，方法是与标准风速管在气流速度为 2~60m/s 的气流中进行比较，S 型毕托管和标准风速管测得的速度值之比称为毕托管的校正系数。当流速在 5~30m/s 的范围内其校正系数约为 0.84。

倾斜压力计测得的动压，按式（2-3）计算。

$$\Delta P=L(\rho_L-\rho_a)g\mathrm{K} \tag{2-3}$$

式中　L——倾斜压力计读数，m；

　　　ρ_L，ρ_a——酒精与空气的密度（室温下 $\rho_L=0.81\times10^3 \mathrm{kg/m^3}$，$\rho_a=1.25\mathrm{kg/m^3}$）；

　　　g——重力加速度，m/s²；

K——倾斜压力计的倾斜系数，在斜管压力计上标出，分别为 0.2，0.3，0.4，0.6，0.8。

测压时将毕托管与倾斜压力计用橡皮管连好，把毕托管插入已打好孔的烟道内。烟道一般打 2 个测孔，每个测孔有 2 个测点，每个断面测 4 个点的动压值，数据由放置水平的倾斜压力计读出。实训数据记录在表格中。

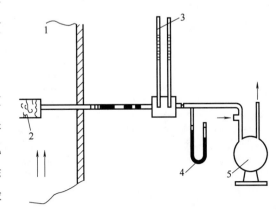

（4）烟气含湿量的测定

烟气含湿量的测定一般有三种方法：重量法、干湿球法、冷凝法。本实训采用干湿球法。测定时按图 2-3 连接仪器，打开抽气泵抽气，烟气先通过玻璃棉过滤器将尘粒除去，然后以大于 2.5m/s 的速度流过干湿球温度计，待干湿球温度计读数不变时读数。

1—烟道； 2—滤棉； 3—干湿球温度计；

4—压力计； 5—抽气泵。

图 2-3　干湿球法采样系统

（5）烟气的出口流速、流量的计算

① 烟气流速计算。当干烟气组分同空气近似，烟气流速 u 按式（2-4）计算。

$$u = a \times [2 \times L \times K \times (\rho_L - \rho_a) g / \rho_a]^{1/2} = K_p \times [2 \times \Delta P / \rho_a]^{1/2} \tag{2-4}$$

式中　K_p——毕托管的校正系数，$K_p = 0.84$。

② 烟气流量 Q_i 按式（2-5）计算。

$$Q_i = u_i A_i \tag{2-5}$$

式中　u_i——第 i 块截面面积中心的烟气速度，m/s；

A_i——第 i 块截面面积，m^2。

总烟气流量 Q_S 按式（2-6）计算。

$$Q_S = \sum u_i A_i \tag{2-6}$$

5. 注意事项

① 正确选择采样位置和确定采样点的数目对采集有代表性的并符合测定要求的样品是非常重要的。

② 采样位置应取气流平稳的管端，原则上避免弯头部分和断面形状急剧变化的部分，其距离至少是烟道直径的 1.5 倍，同时要求烟道中气流速度在 5m/s 以上。而采样孔和采样点的位置主要根据烟道的大小及断面的形状而定。

6. 实训数据记录与整理

烟道气动压测量数据记录在表 2-2 中。

实训时间：_____   温度：_____

实训次数	测孔 1			测孔 2			测孔 3		
	测点 1	测点 2	测点 3	测点 4	测点 5	测点 6	测点 7	测点 8	测点 9

7. 实训结果讨论

① 列举几种测流量的基本方法，并与本实训中的方法进行比较。

② 毕托管所测得的原始数据是什么？如何将其转换为流速和流量？

③ 烟道内为正压或负压对测量方法有何影响？对测量结果有何影响？

④ 斜管压差计中所使用的指示介质一般是什么？为什么不用水？

⑤ 当毕托管的测孔被堵塞后，能否再利用此管测量流量？

⑥ 为什么烟气采样口应选择在离管道弯头或阀门比较远的地方？

⑦ 毕托管的头部与烟气流速方向不垂直时会对测量结果造成什么影响？

⑧ 为什么一般的毕托管测得的数据需要乘以校正系数？该系数一般为多少？

⑨ 测量中为什么使用斜管压差计而不用 U 型压差计？

⑩ 影响测定的因素有哪些？

项目 2-2   某锅炉烟气含尘浓度的现场测量实训

1. 实训背景

测定烟气含尘浓度，可确定排尘点源源强，查清污染源排放状况是否符合国家现行排放标准（GB 16297—1996《大气污染物综合排放标准》、GB 13271—2014《锅炉大气污染物排放标准》），正确评价除尘装置的效能等，因而掌握烟尘浓度的监测方法与要点是本实训的主要任务之一。

对污染源排放烟气颗粒浓度的测定，一般采用从烟道中抽取一定量的含尘烟气，滤筒收集烟气颗粒后，根据收集尘粒的质量和抽取烟气的体积，求出烟气中尘粒的浓度。为取得有代表性的样品，必须进行等动力采样，即尘粒进入采样嘴的速度等于该点的气流速度。

2. 实训目的

① 掌握烟尘样采集与分析的原理和方法。

② 学会使用 YC-I 型烟气测试仪、采样泵及尘粒采样仪。

③ 了解烟气测试的特点，并掌握烟气测试的技能。

④ 了解实际锅炉烟气的净化流程。

3. 实训条件

（1）装置

烟尘采样系统装置如图 2-4 所示。

（2）设备和仪表仪器

① 烟气测试仪（以下简称测烟仪），YC-I 型。

② 抽气泵。

③ 不同内径的采样嘴。

④ 尘粒收集装置，玻璃纤维滤筒。

⑤ 倾斜压力计，YYT-200B 型。

⑥ S 型毕托管。

⑦ 热电偶，TMT-200 型。

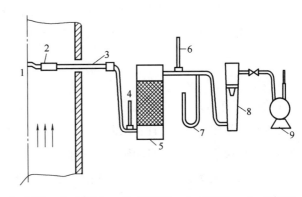

1—烟道；2—采样头；3—采样管；4—温度计；5—干燥器；
6—温度计；7—压力计；8—流量计；9—抽气泵。

图 2-4　烟尘采样系统装置

4. 实训操作过程

（1）滤筒的预处理

测试前先将滤筒编号，然后在 105℃ 的烘箱中烘 1h，取出后置于干燥器内冷却 20min，再用分析天平测得初重并记录。

（2）采样位置、测孔、测点的选择

在水平烟道中，由于烟尘重力的沉降作用，较大的尘粒有偏离流线向下运动的趋势，而垂直烟道中尘粒分布均匀，故应优先考虑在垂直管段上取样。测孔直径随采样头的几何尺寸而定，一般为 60~100mm，测点选择同项目 2-1。

（3）烟气参数、环境温度、压力的测定

① 烟气温度、压力的测定同项目 2-1。

② 用盒式压力计、温度计测量现场环境的压力和温度。

③ 将以上数据填入所编制的表格中。

（4）采样嘴的选择

选择采样嘴时应考虑以下两点：

① 采样嘴要有足够大的直径，否则会使大的尘粒排斥在外，并使单位时间所采集的烟气体积较小，不能达到所要求的样品数。

② 采样嘴的直径也不能太大，以便在现有抽气动力条件下达到等动力采样的要求。

（5）烟尘采样

① 把预先干燥、恒重、编号的滤筒用镊子小心装在采样管的采样头内，再把选定好的采样嘴装到采样头上。

② 采样点控制流量（Q_r）计算。由于烟尘采用等动力采样，即含烟尘气进入采样嘴的速度要与烟道内该点烟气流速相等，因此需要算出每一个采样点的控制流量（Q_r）。

5. 注意事项

① 烟尘采样器系统必须考虑到烟气温度高、含湿量大、含尘浓度高、腐蚀性强等特点，烟气进入烟气采样仪的流量计及压力计之前必须将其中的水分去除，以免水蒸气在抽气管道中因散热降温而凝集，影响流量和压力的测量。

② 实训中采样系统包括采样头、集尘装置（滤筒）、冷凝干燥器、流量测量控制以及采样动力（抽气泵）。

6. 实训数据记录与整理

烟尘测试数据记录在表 2-3 中。

表 2-3　　　　　　　　　　　烟尘测试数据记录

采样点号	采样嘴直径/mm	采样流量/（L/mm）	采样时间/min	采样体积/L	滤筒号	滤筒初重/mg	滤筒总重/mg	烟尘浓度/（mg/L）

7. 实训结果讨论

① 什么叫"等速采样"？

② 对照锅炉房的多管旋风除尘器实体，简要说明其工作原理。

③ 为什么烟气采样口应选择在烟气流速较高的烟道段？

④ 烟尘浓度比较低时，为了减少烟尘浓度随时间的变化，如何缩短采样时间？

⑤ 若采尘系统的发生干燥剂饱和，对实际操作可能产生什么影响？

项目 2-3　旋风式除尘实训

1. 实训背景

旋风除尘器系利用含尘气体的流动速度，使气流在除尘装置内沿某一定方向作连续旋转运动的装置，粒子在随气流的旋转中获得离心力，使粒子从气流中分离出来。旋风除尘器具有结构简单、造价低、设备维护修理方便的优点，而且可用于高温含尘烟气的净化，也可用其回收有价值的粉尘。

2. 实训目的

① 了解旋风除尘器的除尘原理。

② 观察含粉尘气流在旋风除尘器内的运动状况。

③ 测定气固分离效率。

3. 实训条件

（1）装置

旋风式除尘装置如图 2-5 所示。

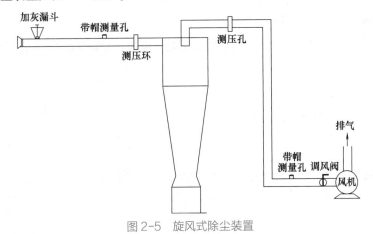

图 2-5　旋风式除尘装置

（2）设备和仪表仪器

① 热电偶，TMT-01 型，1 支。

② 毕托管，S 型/L 型，2 支。

③ 倾斜微压计，YYT-200 型，2 支。

④ 抽气泵，CLK-I 型，1 台。

⑤ 干湿球温度计和温度计，DHM-2 型，各 1 支。

⑥ 分析纯酒精，1 瓶。

4. 实训操作过程

① 首先检查设备系统外况和全部电气连接线有无异常（如管道设备无破损，灰斗连接密封等），一切正常后开始操作。

② 打开电控箱总开关，合上触电保护开关，启动数据采集系统。

③ 在风量调节阀关闭的状态下，启动电控箱面板上的主风机开关。

④ 观察数据采集系统读数，调节风量开关至所需的实训风量。

⑤ 将一定量的粉尘加入自动发尘装置灰斗，然后启动自动发尘装置电机，并调节转速控制加灰速率。

⑥ 数据采集装置对除尘器进出口气流中的含尘浓度和该工况下的旋风除尘器压力损失进行测定记录。

⑦ 实训完毕后依次关闭发尘装置、主风机，并清理卸灰装置。

⑧ 关闭数据采集装置及控制箱主电源。

⑨ 检查设备状况，没有问题后离开。

5. 注意事项

① 风量 $300 \sim 700 m^3/h$；入口气体含尘浓度 $< 50 g/m^3$。

② 除尘效率 $70\% \sim 80\%$；压降 $< 2000 Pa$。

③ 设备应该放在通风干燥的地方；平时经常检查设备，有异常情况及时处理。

6. 实训数据记录与整理

旋风式除尘实训数据记录在表 2-4 中。

表 2-4　　　　　　　　　旋风式除尘实训数据记录　　　　　日期：_____

序号	空瓶重/g	瓶与加尘量/g	加尘量/g	瓶与集尘量/g	集尘量/g	分离效率/%
1						
2						
3						
4						

7. 实训结果讨论

① 分析除尘效率的影响因素。

② 试述风机输出功率对除尘效率的影响。

项目 2-4 吸附法净化工业含酸雾气体实训

1. 实训背景

验证理论教学中讲授的吸附原理、现象及特点；通过实训现象的直观感受，巩固和加深对理论的理解和认识。

2. 实训目的

① 了解工业治理酸气装置——吸附器的结构和安装及学习工艺实训的操作技能。

② 掌握酸气浓度的测定方法和吸附效率的计算。

③ 通过实训工艺流程的直观性培养学生独立思考问题和解决实际问题的能力。

3. 实训条件

（1）装置

酸雾净化装置如图 2-6 所示。

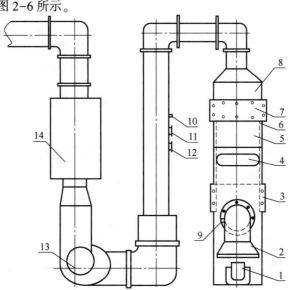

1—酸雾发生器；　2—吸风罩；　3—吸附剂口；　4—观察窗；　5—吸附剂层；　6—吸附剂框；　7—吸附剂装料口；
8—吸附塔；　9—进气测口；　10—出气测口；　11—风量细调阀；　12—风量粗调阀；　13—风机；　14—消声器。

图 2-6　酸雾净化装置

（2）设备和仪表仪器

① 酸雾发生器。

② 大气采样器。

③ 721 分光光度计。

④ 光电天平。

⑤ 容量瓶，移液管，10mL 试管，比色管，吸收管等玻璃仪器。

⑥ 洗耳球。

（3）试剂

① 蒸馏水。

② 亚硝酸钠（优级）。

③ 50%的 HNO_3 溶液。

④ 铜片。

4. 实训操作过程

（1）准备工作

① 绘制标准曲线。

a. 硝酸钠标准溶液的配制：准确称取干燥的粒状亚硝酸钠（优级）0.1500g（称重至 0.1mg）溶于去离子水，并移入 1000mL 容量瓶中，用去离子水稀释至刻度，摇匀。此溶液 1mL 含 $100\mu gNO_2^-$ 即 $100\mu g\ NO_2^-/mL$。使用时用去离子水准确稀释成 $5\mu g\ NO_2^-/mL$，即准确取 5.00mL 浓度为 $100\mu gNO_2^-/mL$ 的标准液移入 100mL 容量瓶中加去离子水至标线，则其浓度为 $5\mu g\ NO_2^-/mL$。

b. 标准曲线：在 6 个 10mL 试管中分别准确加入 0，0.1，0.2，0.4，0.6，0.8mL 亚硝酸钠标准溶液（浓度为 $5\mu g\ NO_2^-/mL$），每管中加入采样吸收液 5.0mL，用水稀释至刻度（10mL），摇匀，放置 15min。于 540nm 处，用 1cm 比色皿，吸收液为参比，用灵敏度为 1 挡的 721 分光光度计测定吸光度，并记录在表 2-5 中。

根据测定结果，作出样品中 NO_2^- 含量 a（μg）与吸光度 A 的标准方程，见式（2-7）。

$$a = K(A - A_0) \tag{2-7}$$

式中　a——测试后吸收液内 NO_2^- 含量（所取气体中），μg；

　　　A——样品吸收液的吸光度；

　　　A_0——空白吸收液吸光度；

　　　K——斜率。

② 充分理解和掌握吸附工艺实训流程图、各部分的功能、相互连接及安装方法。

③ 在每个吸收管内装 5mL 吸收液并编好号码。

表2-5 吸光度测定结果

试剂	比色管					
	0	1	2	3	4	5
标准溶液/mL	0	0.1	0.2	0.4	0.6	0.8
吸收液/mL	5.0	5.0	5.0	5.0	5.0	5.0
NO_2^- 含量/μg	0	0.5	1.0	2.0	3.0	4.0
吸光度						

④ 在吸附器酸气进出采样口上连接装有氧化管及吸收管的大气采样器。注意有缓冲球一侧的吸收管和大气采样器的吸气口连接。

（2）操作

① 在酸雾发生器内装 200mL 左右 50% 的 HNO_3 溶液并放入适量铜片，然后放在吸风罩下。

② 启动风机，调节风速为 5m/s。

③ 在进出口同时采样，采样时间为 10min。取下吸收管，将吸收管中样品吹入 10mL 试管，用少量蒸馏水冲洗，将溶液并入试管，用蒸馏水稀释至刻度。

④ 改变风速，再取一次样品，步骤同上。风速要求 6m/s 或 7m/s。

（3）分析（方法：盐酸萘乙二胺比色法）

① 将测试的吸收管内的吸收液用洗耳球移入比色管。

② 用 721 分光光度计比色，准确记录样品的光密度值 y。

③ 按标准曲线方程计算出 NO_2^- 含量 a（μg）。

④ 通过换算公式计算出进出口 NO_x 浓度 C（mg/m³），见式（2-8）。

$$C = \frac{a}{0.76V_{nd}} \tag{2-8}$$

式中　C——进出口 NO_x 浓度，mg/m³；

　　0.76——NO_2（气）转换成 NO_2^-（液）的系数；

　　V_{nd}——大气采样器从吸附器进出气两端采样口所抽取的气体在标准状态下干气体体积，L。

$$V_{nd} = \frac{273PV_t}{1013T} = \frac{273PV_t}{1033.6T} = \frac{273PV_t}{760T} \tag{2-9}$$

式中　V_t——大气采样器从吸附器两端采样口所取气体的体积（V_t=大气采样器流量×采样时间），L。

5. 注意事项

① 要根据实训装置的具体尺寸按一定比例缩小画出实训流程图。

② 严格按照实训内容和步骤进行实训，如实记录实训数据，认真计算实训结果。

6. 实训数据记录与整理

吸附法净化工业含酸雾气体实训数据记录在表 2-6 中。

表 2-6　　　　　　　　　吸附法净化工业含酸雾气体实训记录

设备吸附层面积：___0.24___ m²　　　　　　　　　测试日期：_____

设备吸附塔风速：_____　　　　　　　大气压：_____ Pa

设备吸附塔流量：_____ m³/h　　　　　　　　　　温度：_____ ℃

设备管道截面积：_____ m²（管道 $D=0.1$m）

风速：_____ m/s　　　　　　　　　　　流量：_____ m³/h

测试数据		时间 t/min	采样流量 Q/（L/min）	采集气体体积 V_t/L（$V_t=Qt$）	标况下体积 V_{nd}/L（$V_{nd}=\dfrac{273PV_t}{760T}$）	样品吸光度 A	NO_2^- 含量 a/μg [$a=K(A-A_0)$]	浓度 C/（mg/m³）（$C=\dfrac{a}{0.76V_{nd}}$）	吸收效率 η/%（$\eta=\dfrac{C_{进}-C_{出}}{C_{进}}\times100\%$）
1	进口								
	出口								
2	进口								
	出口								
3	进口								
	出口								

7. 实训结果讨论

① 讨论酸气浓度的测定方法和吸附效率的计算方法。

② 讨论吸附机理。

③ 此次实训过程中存在哪些操作问题，希望对哪些实训方法或流程进行改进，请提出建议和改进意见。

项目 2-5　碱液吸收气体中的二氧化硫测定实训

1. 实训背景

本实训采用填料吸收塔，利用 5%NaOH 溶液吸收气体中的 SO_2。通过实训可初步了解利用填料塔吸收净化有害气体的实训研究方法，同时还有助于加深理解在填料塔内气液接触状况及吸收过程的基本原理。

2. 实训目的

① 了解利用吸收法净化废气中 SO_2 的实训过程。

② 了解填料塔的基本结构及其吸收净化酸雾的工作原理。

③ 了解填料塔净化效率的影响因素。

④ 了解 SO_2 自动测定仪的工作原理，掌握其测定方法。

⑤ 掌握实训中的配气方法，参数控制（如气体流速、液体流量等），取样方法及各种有关设备的操作方法。

3. 实训条件

（1）装置

碱液吸收气体中的二氧化硫测定实训的吸收工艺设备如图2-7所示。

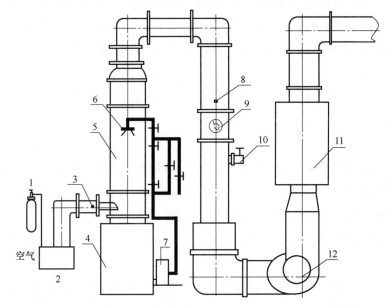

1—SO_2 钢瓶；　2—混合罐；　3—进气测定口；　4—水箱；　5—填料塔；　6—喷头；

7—水泵；　8—出气测定口；　9—配风阀；　10—配气口；　11—消音器；　12—风机。

图2-7　吸收工艺设备

（2）设备和仪表仪器

① SO_2 酸雾净化填料塔，1台。

② SO_2 与空气混合罐，1个。

③ 转子流量计，2个（液相转子流量计1个，SO_2 转子流量计1个）。

④ 风机，1台。

⑤ SO_2 钢瓶（含气体），1个。

⑥ SGA 型 SO₂ 自动分析仪，2 台。

⑦ 控制阀，橡胶连接管若干及必要的玻璃仪器等。

4. 实训操作过程

（1）准备

① 根据图 2-7 正确连接实训装置，并检查是否漏气，全面熟悉流程（包括熟悉 SO₂ 自动测定仪）并检查电、气、水各系统。

② SO₂ 浓度测定仪使用前的准备工作。保证电池电量充足（当测定仪显示器上出现"BAT"字样时，应尽快更换电池，此时仪器可能仍在正常工作，但读数是不正确的。更换电池时，打开仪器背面盖板，正确装入碱性电池，并注意电池极性）；查看仪器过滤器（连接软管中，装有一个在线过滤器，以阻止尘埃和水蒸气进入仪器，如果发现过滤器出现潮湿或污染，应立即晾干或更换，推荐使用 AF10 型过滤器。更换时，把软管从过滤器的两端松开，换上新的过滤器，不得使用任何润滑剂，并保证箭头指向仪器）；将"POWER"（电源）开关置于"ZERO & STANDBY"（零点/待机）位置，使仪器自动校准零点（如果仪器未能达到零点，调节仪器上方的零点调整旋钮，直到显示"000±1"为止，注意调零时在距离有害气体区域较远的清洁空气中进行）。

③ 称取 NaOH 试剂 5kg 溶于 0.1m³ 水中，将其注入水箱中作为吸收系统的吸收液。开启水泵，根据液气比的要求调节喷淋水的流量。

（2）操作

① 开启填料塔的进液阀，并调节液体流量，使液体均匀喷布，并沿填料塔缓慢流下，以充分润湿填料表面，记录此时流量。调节各阀门使得喷淋液流量达到最大值，记录此时流量。

② 开启风机，并逐渐打开进气阀，调节空气流量，仔细观察气液接触状况。用热球式风速计测量管道中的风速并调节配风阀使空塔气速达到 2m/s（气体速度根据经验数据或实训需要来确定）。

③ 待填料塔能够正常工作后，实训指导教师开启 SO₂ 气瓶，并调节其流量，使空气中的 SO₂ 含量为 0.1%~0.5%（体积分数，具体数值由指导教师掌握，整个实训过程中保持进口 SO₂ 浓度和流量不变）。

④ 经数分钟，待塔内操作完全稳定后，开始测量记录数据。应测量记录的数据包括进气流量 Q_1、喷淋液流量 Q_2、进口 SO₂ 浓度 C_1、出口 SO₂ 浓度 C_2。

⑤ 根据测得的数据计算吸收废气中 SO₂ 的理论液气比，在理论液气比的喷淋液流量和最大喷淋液流量范围内，改变喷淋液流量，重复上述操作，测量 SO₂ 出口浓度，共测取 4~5 组数据。

⑥ 实训完毕后，先关掉 SO₂ 钢瓶，待 1~2min 后再停止供液，最后停止鼓入空气。

5. 注意事项

① 如实记录实训数据，认真计算实训结果，根据实训结果进行讨论，并完成实训报告。

② 根据本实训流程的实际情况，分析管道内气速的大小将受到哪些因素的影响，去除率的大小与哪些因素有关。

6. 实训数据记录与整理

（1）记录实训数据

碱液吸收气体中的二氧化硫测定实训数据记录在表2-7和表2-8中。

表2-7　　　　　　　　　　碱液吸收气体中的二氧化硫测定实训记录（1）

大气压：_____　　　　　　　温度：_____　　　　　　　日期：_____

测定次数	管道风速/（m/s）	SO₂流量/（m³/s）	喷淋液量/（L/h）	SO₂入口浓度/（mg/m³）	SO₂出口浓度/（mg/m³）
1					
2					
3					
4					
5					

填料塔净化效率按式（2-10）计算。

$$\eta = \left(1 - \frac{C_2}{C_1}\right) \times 100\% \tag{2-10}$$

式中　η——净化效率，%；

　C_1——SO₂入口浓度，mg/m³；

　C_2——SO₂出口浓度，mg/m³。

表2-8　　　　　　　　　　碱液吸收气体中的二氧化硫测定实训记录（2）

测定次数		SO₂浓度/（mg/m³）	液气比	净化效率/%	平均净化率/%
1	进气				
	出气				
2	进气				
	出气				
3	进气				
	出气				
4	进气				
	出气				
5	进气				
	出气				

（2）绘制实训曲线

根据所得的净化效率与对应的液气比绘制曲线，并从图中确定最佳液气比条件。

7. 实训结果讨论

① 从实训结果绘制的曲线中，可以得到哪些结论？

② 通过实训，有什么体会？对本实训有何改进意见？

项目 2-6 机械振打袋式除尘器性能测定实训

1. 实训背景

袋式除尘器利用织物过滤含尘气体使粉尘沉积在织物表面上以达到净化气体的目的，它在工业废气除尘方面应用广泛。本实训主要研究这类除尘器的性能，对袋式除尘器的除尘效率和压力损失进行测定。

袋式除尘器性能与结构形式、滤料种类、清灰方式、粉尘特性及其运行参数等因素有关。本实训在结构、滤料种类、清灰方式和粉尘特性已定的前提下，测定袋式除尘器性能指标，并在此基础上测定运行参数 Q_S 和 V_F 对除尘器压力损失（ΔP）和除尘效率（η）的影响。

2. 实训目的

① 提高对袋式除尘器结构形式和除尘机理的认识。

② 掌握袋式除尘器主要性能的实训研究方法。

③ 了解过滤速度对袋式除尘器压力损失及除尘效率的影响。

④ 提高对除尘技术基本知识和实训技能的综合应用能力；通过实训方案设计和实训结果分析，加强创新能力的培养。

3. 实训条件

（1）装置

本除尘器共6个滤袋，总过滤面积为 0.26m²，滤料选用 208 工业涤纶绒布。在实训过程中能定量地连续供给粉尘，处理气体流量和过滤速度，方便控制发尘浓度。

（2）设备和仪表仪器

本实训装置如图 2-8 所示，主要技术数据如下：

① 气体流动方式为内滤逆流式，动力装置布置为负压式。

② 气体进风管直径 75mm，气体出风管直径 75mm。

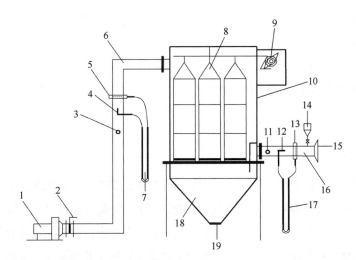

1—高压离心风机；　2—风量调节阀；　3—取样口1；　4—动压测口1；　5—静压测口1；　6—出风管；
7—U型管压差计1；　8—布袋；　9—振打电机；　10—滤室；　11—取样口2；　12—动压测口2；
13—静压测口2；　14—粉尘布灰斗；　15—喇叭形均流管；　16—进风管；　17—U型管压差计2。

图2-8　袋式除尘器性能实训装置

③ 装置共有6个滤袋，滤袋直径为140mm，滤袋高度为600mm。

④ 滤袋材料为208涤纶绒布，透气性10m³/（m²·min），厚度2mm，克重550g/m²。

⑤ 过滤面积0.26m²。

⑥ 装置总高1650mm，总长1960mm，总宽550mm。

⑦ 振打频率50次/min。

⑧ 壳体由有机玻璃制。

⑨ 风机电源电压为三相380V。

⑩ 振打电机电压220V/25W。

实训仪器：

① 干湿球温度计，1支。

② 标准风速测定仪，1台。

③ 空盒式气压表，1个。

④ 秒表，1块。

⑤ 钢卷尺，1个。

⑥ 光电分析天平（分度值0.001g），1台。

⑦ 倾斜式微压计，3台。

⑧ 托盘天平（分度值1g），1台。

⑨ 毕托管，2支。

⑩ 干燥器，2个。

⑪ 烟尘采样管，2 支。

⑫ 鼓风干燥箱，1 台。

⑬ 烟尘测试仪，2 台。

⑭ 超细玻璃纤维无胶滤筒，10 个。

4. 实训操作过程

（1）准备工作

测量记录室内空气的干球温度（即除尘系统中气体的温度）、湿球温度及相对湿度，计算空气中水蒸气体积分数（即除尘系统中气体的含湿量）；测量记录当地大气压力；记录袋式除尘器型号规格、滤料种类、总过滤面积；测量记录除尘器进出口测定断面的直径和面积，确定测定断面的分环数和测点数，求出各测点距管道内壁的距离，并用胶布在毕托管和采样管上进行标记。

（2）操作步骤

① 将除尘器进出口断面的静压测孔与倾斜微压计连接，作好各断面气体静压的测定准备。

② 启动风机，调整风机入口阀门，使之达到实训要求的气体流量，并固定阀门。

③ 在除尘器进出口测定断面同时测量记录各测点的气流动压。

④ 计算并记录各测点气流速度、各断面平均气流速度、除尘器处理气体流量（Q_S）、漏风率（δ）和过滤速度（V_F）。

⑤ 用托盘天平称好一定量尘样，作好发尘准备。

⑥ 启动风机和发尘装置，调整好发尘浓度（ρ_1），使实训系统运行达到稳定（1min 左右）。

⑦ 测量进出口含尘浓度。进口采样 3min，出口采样 15min。

⑧ 在进行采样的同时，测定记录除尘器压力损失。压力损失也应在除尘器处于稳定运行状态下，每间隔 3min，连续测定并记录 5 次数据，取 ΔP 的平均值作为除尘器的压力损失。

⑨ 采样完毕，取出滤筒包好，置入鼓风干燥箱烘干后称重。计算出除尘器进出口管道中气体的含尘浓度和除尘效率。

⑩ 停止风机和发尘装置，进行清灰振动 10 次。

⑪ 改变入口气体流量，稳定运行 1min 后，按上述方法，测取共 5 组数据。

⑫ 实训结束，整理好实训用的仪表和设备。

5. 注意事项

① 本实训装置采用手动清灰方式，实训应尽量保证在相同的清灰条件下进行。

② 注意观察在除尘过程中压力损失的变化。

③ 尽量保持在实训过程中发尘浓度基本不变。

6. 实训数据记录与整理

（1）处理气体流量和过滤速度

按表 2-9 记录和整理袋式除尘器处理风量测定结果的数据。

表 2-9 　　　　　　　　　　　袋式除尘器处理风量测定结果记录

日期：_____　　　　　　　　　　实训人员：_____

除尘器型号、规格：_____　　　　　　　　除尘器过滤面积 F：_____ m²

当地大气压力 P：_____ kPa　　　　　　　烟气干球温度：_____ ℃

烟气湿球温度：_____ ℃　　　　　　　　　烟气相对湿度 C：_____ %

测定次数	除尘器进气管				除尘器排气管				Q_S	V_F	δ
	K_1	V_1	A_1	Q_{S1}	K_2	V_2	A_2	Q_{S2}			
1											
2											
3											
4											
5											

（2）压力损失

按表 2-10 记录和整理数据。按式（2-11）计算压力损失 ΔP，并取 5 次测定数据的平均值作为除尘器压力损失。

$$\Delta P = P_1 - P_2 \tag{2-11}$$

式中　P_1——除尘器入口处气体的全压或静压，Pa；

　　　P_2——除尘器出口处气体的全压或静压，Pa。

（3）除尘效率

除尘效率测定数据按表 2-11 记录和整理，并按式（2-12）计算除尘效率。

$$\eta = \left(1 - \frac{\rho_2 Q_{S2}}{\rho_1 Q_{S1}}\right) \times 100\% \tag{2-12}$$

式中　ρ_1，ρ_2——分别为电除尘器进出口连接管道中的气体密度，kg/m³；

　　　Q_{S1}，Q_{S2}——分别为电除尘器进出口连接管道中的气体流量，m³/s。

（4）压力损失、除尘效率和过滤速度的关系

整理 5 组不同过滤速度（V_F）下的 ΔP 和 η 资料，绘制 V_F-ΔP 和 V_F-η 实训性能曲线，分析过滤速度对袋式除尘器压力损失和除尘效率的影响。对每一组资料，分析在一次清灰周期中，压力损失、除尘效率和过滤速度随时间的变化情况。

表 2-10　　　　　　　　　　　　　除尘器压力损失测定记录

组数	静压差测定结果/Pa															除尘器压力损失 ΔP 的平均值/Pa
	1(3min)			2(6min)			3(9min)			4(12min)			5(15min)			
	P_1	P_2	ΔP	P_1	P_2	ΔP	P_1	P_2	ΔP	P_1	P_2	ΔP	P_1	P_2	ΔP	
1																
2																
3																
4																
5																

表 2-11　　　　　　　　　　　　　除尘器效率测定结果记录

测定次数	除尘器进口气体含尘浓度						除尘器出口气体含尘浓度						除尘效率/%
	采样流量/(L/min)	采样时间/min	采样体积/L	滤筒初质量/g	滤筒总质量/g	粉尘浓度/(mg/m³)	采样流量/(L/min)	采样时间/min	采样体积/L	滤筒初质量/g	滤筒总质量/g	粉尘浓度/(mg/m³)	
1													
2													
3													
4													
5													

7. 实训结果讨论

① 用发尘量求得的入口含尘浓度和用等速采样法测得的入口含尘浓度，哪个更准确？为什么？

② 测定袋式除尘器压力损失时，为什么要固定其清灰制度？为什么要在除尘器稳定运行状态下连续 5 次读数并取其平均值作为除尘器压力损失？

③ 试根据实训性能曲线 V_F-ΔP 和 V_F-η，分析过滤速度对袋式除尘器压力损失和除尘效率的影响。

④ 总结在一次清灰周期中，压力损失、除尘效率和过滤速度随过滤时间的变化规律。

项目 2-7　文丘里管洗涤式除尘实训

1. 实训背景

文丘里洗涤器是一种高效高能耗湿式除尘器，含尘气体以高速通过喉管，水在喉管处注入并被高速气流雾化，尘粒与液（水）滴之间相互碰撞使尘粒沉降。这种除尘器结构简单，对 $0.5\sim5\mu m$ 的尘粒除尘效率可达 99%，但压降和能耗较大。该洗涤器常用于高温烟气降温和除尘，经改进的文丘里除尘器的形式很多，应用也很广泛。

2. 实训目的

① 认识文丘里除尘器结构形式，理解其除尘机理。

② 掌握文丘里除尘器主要性能指标的测定方法。

③ 了解湿法除尘器与干法除尘器性能测定中的不同实训方法。

④ 了解影响文丘里除尘器性能的主要因素，并通过实训方案设计和实训结果分析，加强综合应用和创新能力的培养。

3. 实训条件

（1）装置

文丘里管洗涤式除尘实训装置如图 2-9 所示。

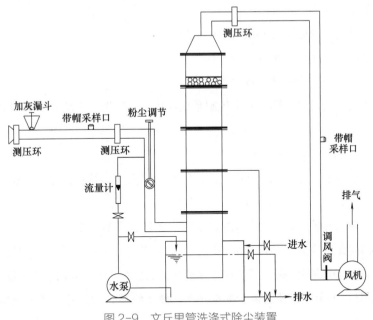

图 2-9　文丘里管洗涤式除尘装置

（2）设备和仪表仪器

① 透明有机玻璃进气管段 1 副，配有动压测定环，与数据采集装置配合使用可测定进口管道流速和流量。

② 自动粉尘加料装置（采用调速电机），用于配制不同浓度的含灰气体。

③ 入口管段采样口，数据采集装置在此测定入口气体粉尘浓度，也可利用毕托管和微压计在此处测定管道流速。

④ 文丘里洗涤器入口、出口测压环，与数值采集装置一起用来测定文丘里洗涤器的压力损失。

⑤ 文丘里洗涤器，包括有机玻璃主体，可调喉部活塞（通过上下移动可调节文丘里的喉部空隙面积，从而改变文丘里的喉部气体流速），洗涤液进液装置，是气体中颗粒物与洗涤液接触的主要场所，如图 2-10 所示。

⑥ 有机玻璃离心脱水筒，顶部配有精除沫器，用于文丘里吸收器的气液分离，底部设有洗涤液循环储箱。

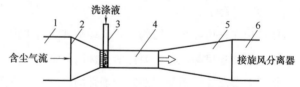

洗涤液

1—进气管；　2—收缩管；　3—喷嘴；
4—喉管；　5—扩散管；　6—连接管。

图 2-10　文丘里洗涤器

⑦ 洗涤液循环槽系统，包括储液槽；进水口及阀门；溢流口、放空口加上管道和阀门组成的排液系统；不锈钢水泵（通过控制箱面板按钮控制运行）、控制阀、流量计组成的循环液系统。该系统用来储存、循环洗涤液。

⑧ 出口管段采样口，数据采集装置在此测定出口气体粉尘浓度，也可利用毕托管和微压计在此处测定管道流速。

⑨ 脱水器，进一步脱除除尘器出口中的水分。

⑩ 风量调节阀，用于调节系统风量。

⑪ 高压离心通风机，为系统运行提供动力。

⑫ 仪表电控箱，通过控制面板开关控制系统的运行；数据采集装置用于测定各相关参数。

4. 实训操作过程

① 首先检查设备系统外况和全部电气连接线有无异常（如管道设备无破损等），一切正常后开始操作。

② 打开电控箱总开关，合上触电保护开关，启动数据采集装置。

③ 当储液槽内无洗涤液时，打开洗涤塔下方储液槽进水开关，确保关闭储液箱底部的排水阀并打开排水阀上方的溢流阀。当贮水装置水量达到总容积的 3/4 时，启动循环水泵。通过阀门和转子流量计可调节形成所需流量的洗涤水，使洗涤器正常运作。待溢流口开始溢流时，关闭储液箱进水开关。

④ 通过文丘里管顶部的旋转升降杆调节喉管部的活塞于适当位置（通过上下移动活塞可调节文丘里的喉部空隙面积，从而改变文丘里的喉部气体流速，进行不同的工况）。

⑤ 在风量调节阀关闭的状态下，启动电控箱面板上的主风机开关。

⑥ 调节风量开关至所需的实训风量（通过观察数据采集系统的入口浓度指示进行调节）。

⑦ 将一定量的粉尘加入自动发尘装置灰斗，然后启动自动发尘装置电机，并可调节转速控制加灰速率。

⑧ 数据采集装置对除尘器进出口气流中的含尘浓度进行测定。

⑨ 长时间进行实训时最好开启调节洗涤液循环槽的进水阀和底部放空阀保持一定程度的溢流，以防止灰尘在洗涤液循环槽累积。

⑩ 实训完毕后依次关闭发尘装置、主风机，最后关闭循环泵。

⑪ 放空洗涤液循环槽，再用清水和循环泵对系统进行清洗。

⑫ 关闭数据采集系统和控制箱主电源。

⑬ 检查设备状况，没有问题后离开。

5. 注意事项

① 系统风量 $50 \sim 300 m^3/h$。

② 除尘效率 $90\% \sim 99\%$；压降 $< 3000Pa$。

③ 塔设备应放在通风干燥的地方；平时经常检查设备，有异常情况及时处理。

6. 实训数据记录与整理

（1）记录实训数据

本实训数据记录在表 2-12 和表 2-13 中。

表 2-12　　　　　　文丘里除尘器性能测定结果记录　　　　　　日期：＿＿＿＿＿

当地大气压力 P/kPa	烟气干球温度/℃	烟气湿球温度/℃	烟气相对湿度 $C/\%$	除尘器管道横断面积 A/m^2	喉口面积 A_T/m^2

表 2-13　　　　　　　　除尘器效率测定结果记录　　　　　　日期：＿＿＿＿＿

测定次数	除尘器进口气体含尘浓度						除尘器出口气体含尘浓度						除尘效率/%
	采样流量/(L/min)	采样时间/min	采样体积/L	滤筒初质量/g	滤筒总质量/g	粉尘浓度/(mg/m³)	采样流量/(L/min)	采样时间/min	采样体积/L	滤筒初质量/g	滤筒总质量/g	粉尘浓度/(mg/m³)	
1-1													
1-2													
1-3													
1-4													
1-5													
2-1													
2-2													
2-3													
2-4													
2-5													

（2）压力损失、除尘效率、动力耗能和喉口速度的关系（固定 Q_L，改变气体流量情况）

整理不同喉口速度 (V_F) 下的 ΔP，η 和 E 资料，绘制 V_F-ΔP，V_F-η 和 V_F-E 实训性能曲

线，分析喉口速度对文丘里除尘器压力损失、除尘效率和动力耗能的影响。

（3）压力损失、除尘效率、动力耗能和液气比的关系（固定 Q_s，改变液体流量 Q_L）

整理不同液气比（L）下的 ΔP，η 和 E 资料，绘制 L-ΔP，L-η 和 L-E 实训性能曲线，分析液气比对文丘里除尘器压力损失、除尘效率和动力耗能的影响。

7. 实训结果讨论

① 为什么文丘里除尘器性能测定实训应该在操作指标 V_F 或 Q_L 固定的运行状态下进行？

② 根据实训结果，试分析影响文丘里除尘器除尘效率的主要因素。

③ 根据实训结果，试分析影响文丘里除尘器动力耗能的主要途径。

项目 2-8　板式高压静电除尘实训

1. 实训背景

电除尘器的除尘原理是使含尘气体的粉尘微粒，在高压静电场中荷电，荷电尘粒在电场的作用下，趋向集尘极，带负电荷的尘粒与集尘极接触后黏附于集尘极表面上，数量很少的带正电荷尘粒沉积在截面很小的放电极上。然后借助振打装置使集尘极抖动，将尘粒振脱而落到除尘器的集灰斗内，达到收尘目的。

2. 实训目的

① 认识电除尘器结构形式，理解其除尘机理。

② 掌握电除尘器主要性能指标的测定方法。

③ 了解影响电除尘器性能的主要因素，并通过实训方案设计和实训结果分析，加强综合应用和创新能力的培养。

3. 实训条件

（1）装置

① 板式高压静电除尘实训装置如图 2-11 所示。

② 透明有机玻璃进气管段 1 副，配有动压测定环，与数据自动采集器配合使用可测定进口管道流速和流量。

③ 自动粉尘加料装置（采用调速电机），用于配制不同浓度的含灰气体。

④ 入口管段采样口，自动数据采集系统在此测定入口气体粉尘浓度，也可手动采用毕托管和微压计在此处测定管道流速。

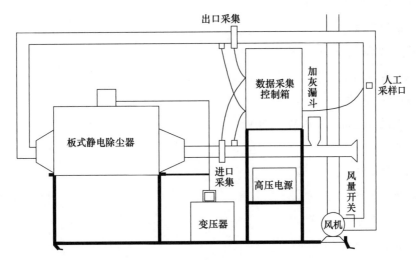

图 2-11 板式高压静电除尘装置

⑤ 静电除尘器入口、出口测压环，与数据采集系统一起用来测定静电除尘器的压力损失。

⑥ 有机玻璃壳体板式高压静电除尘器（含放电极、收尘极板、收尘极板振动清灰电机及卸灰斗）。

⑦ 高压静电发生器，电除尘器高压电源。

⑧ 出口管段采样口，自动数据采集系统在此测定入口气体粉尘浓度，也可手动采用毕托管和微压计在此处测定管道流速。

⑨ 风量调节阀，用于调节系统风量。

⑩ 高压离心通风机，为系统运行提供动力。

⑪ 数据采集及仪表电控箱，用于系统的运行控制和实训参数测定。

（2）设备和仪表仪器

① 微电脑进气粉尘浓度检测系统，1套。

② 微电脑尾气粉尘浓度检测系统，1套。

③ 微电脑在线风速、风量检测系统，1套。

④ 微电脑在线风压检测系统，1套。

⑤ 10.4英寸液晶显示器，1台。

⑥ 数据处理分析系统，1套。

⑦ 计算机通信接口，1个。

⑧ 在线温度、湿度检测系统，1套。

⑨ 微型打印机，1台。

⑩ 静电除尘器有机玻璃壳体，1个。

⑪ 喇叭形进灰均流管段，1套。

⑫ 高压静电发生器，1 套。

⑬ 不锈钢集尘板，3 块。

⑭ 不锈钢电晕极，3 组。

⑮ 排气管道，1 副。

⑯ 出口风管，1 套。

⑰ 振打电机（电机功率 30W、220V），1 套。

⑱ 测试孔，2 组。

⑲ 自动粉尘加料装置，1 套。

⑳ 卸除灰尘装置，1 套。

㉑ 直流输出电流表，1 个。

㉒ 直流输出电压表，1 个。

㉓ 调压器，1 台。

㉔ 电源控制开关，1 套。

㉕ 振打电机控制开关，1 套。

㉖ 电源指示灯，1 个。

㉗ 过压指示灯，1 个。

㉘ 金属仪表控制箱，1 只。

㉙ 漏电保护开关，1 套。

㉚ 带变频调速器高压离心通风机，1 台。

㉛ 电动机 1 台，电机功率 1.1kW，电压 220V。

㉜ ϕ110PVC 风量调节阀，1 套。

㉝ 气尘混合系统，1 套。

㉞ 带移动轮子的不锈钢支架，1 套。

4. 实训操作过程

① 首先检查设备系统外况和全部电气连接线有无异常（如管道设备无破损，卸灰装置是否安装紧固等），一切正常后开始操作。

② 打开电控箱总开关，合上触电保护开关，启动数据采集系统。

③ 打开控制开关箱中的高压电源开关，电除尘器开始工作。

④ 在风量调节阀关闭的状态下，启动电控箱面板上的主风机开关。

⑤ 调节风量调节开关至所需的实训风量（即将数据自动采集系统上显示的流量调节为所需的实训流量）。

⑥ 将一定量的粉尘加入自动发尘装置灰斗，然后启动自动发尘装置电机，并可调节转速控制加灰速率。

⑦ 自动数据采集器对除尘器进出口气流中的含尘浓度进行测定，也可通过计量加入的粉尘量和捕集的粉尘量（卸灰装置实训前后的增重）来估算除尘效率。

⑧ 在加灰装置启动 5min 后，周期启动控制箱面板上振打电机开关后开始极板清灰。每周期清灰时间 3min，停止 5min。

⑨ 实训完毕后依次关闭发尘装置、高压电源和主风机，然后启动振打电机进行清灰 5min，待设备内粉尘沉降后，清理卸灰装置。

⑩ 关闭数据采集系统和控制箱主电源。

⑪ 检查设备状况，没有问题后离开。

5. 注意事项

① 每次实训前首先确保除尘器外壳接地螺钉处于接地状态！

② 不得无故拆卸、触摸高压电源部位！

③ 必须熟悉仪器的使用方法。

④ 注意及时清灰。

6. 实训数据记录与整理

板式高压静电除尘实训数据记录在表 2-14 中。

表 2-14　　　　　　　　　　板式高压静电除尘实训记录　　　　　　　　日期：_____

工况	风量	风速	粉尘入口浓度	粉尘出口浓度	风压	效率
1-1						
1-2						

7. 实训结果讨论

① 分析电除尘基本工作原理。

② 分析电除尘效率与压降的影响因素。

项目 2-9　脉冲电晕放电处理含硫化氢废气实训

1. 实训背景

所谓的等离子体就是指发生了一定程度电离的气体，其中含有离子、电子、激发态原子或分子、自由基等。由于在一定的空间范围内气体中的正、负电荷相等，故称之为等离子体。非平衡等离子体则是指等离子体气氛内，电子的能量或温度很高，而其他质量较大的粒子则温度较低（接近于常温），系统内各粒子间的能量分布远未达到平衡。由于非平衡等离子体空间内只激活一小部分气体分子或原子，故总体上看，整个气体基本不受其影响，可维持较低温度，能量消耗保持在最低限度。

产生等离子体的方法很多，其中脉冲电晕放电是最有效的方法之一。该技术特点是：采用窄脉冲高压电源供能，脉冲电压的上升前沿极陡（上升时间为几十至几百纳秒），峰宽也窄（几微秒以内），在极短的脉冲时间内，电子被加速成为高能电子，其他质量较大的离子由于惯性大在脉冲瞬间内来不及加速而基本保持静止。因此，放电所提供的能量大多用于产生高能电子，能量效率较高。

2. 实训目的

① 了解产生脉冲放电的基本电路和主要元器件。

② 了解脉冲放电等离子体净化气体污染物的基本原理。

③ 考察不同的放电参数和操作条件对硫化氢去除率的影响。

3. 实训条件

（1）装置

脉冲电晕放电处理含硫化氢废气实训装置如图2-12所示。

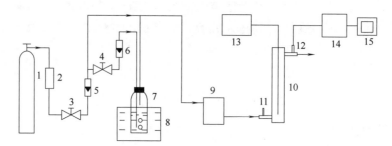

1—空气钢瓶；　2—干燥瓶；　3，4—阀门；　5，6—流量计；　7—硫化氢发生装置；　8—恒温水浴；
9—缓冲瓶；　10—电晕反应器；　11，12—取样口；　13—高压电源；　14—色谱仪；　15—记录仪。

图2-12　脉冲电晕放电处理含硫化氢废气实训装置

（2）高压脉冲电源

高压脉冲电源的高压形成电路的主要原理如图2-13所示。由高压变压器、整流硅堆将输入的低压交流电压转化为直流高电压，再通过后端的脉冲形成回路产生脉冲电压。脉冲回路主要包括储能电容 C_p、限流电阻 R_1、脉冲形成电阻 R_2 及旋转火花开关 G 等元件。该电路的工作原理为：先由高压直流电源向 C_p 充电，在旋转火花开关导通后，C_p 迅速将储存的能量注入反应器 R_e，若电路为理想情况，无其他电阻或电感存在，这一充电过程将在瞬间完成（阶跃式），而实际时间一般在几十至几百纳秒。当反应器在脉冲电压的作用下开始放电时，可将反

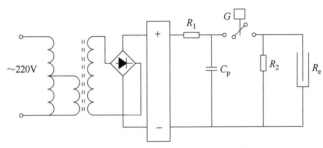

图 2-13 脉冲电源放电电路原理

应器看作一等效非线性电阻，电路可近似看作由 C_p-R_e（R_2）组成的 R-C 放电回路。R_1 的作用是限制充电电流，以免造成电容的损坏；R_2 为脉冲形成电阻，其主要作用是调节电源和反应器之间的匹配关系，以产生较高的脉冲放电功率。

该脉冲电源的主要输出参数：脉冲电压峰值 V_p 为 0~60kV，脉冲上升时间小于 300ns，脉冲宽度小于 10μs，脉冲重复频率 0~110pps。

（3）硫化氢浓度测量

采用气相色谱分析法，所用色谱仪为 GC-14B 型，用 FPD 检测器检测。色谱分离柱为 DB-624 型毛细管柱，其中毛细管柱的直径 0.25mm，长度 30m。由色谱工作站记录分析结果。为了简化分析方法，本实训同时采用了光离子化 VOCs 测定仪。对于硫化氢气体，也可使用检气管法测量。

4. 实训操作过程

① 打开空气钢瓶（或开启风机），调节空气流量为 0.6m³/h，气体连续流过等离子体反应器，出口气体排到室外。

② 缓慢打开硫化氢气体，使其流量在 1mL/min，将硫化氢气体与上述空气混合，使进入放电反应器中的硫化氢浓度在 120mg/m³ 左右；检查气路是否正确连接以及是否漏气（注意：打开硫化氢钢瓶时，请其他同学远离钢瓶，并保持室内通风良好）。

③ 检查电路连接是否正确，防止短路现象；检查电源和反应器的接地状况是否良好（检查电路时，电源的插头一定从插座中拔出）。

④ 开启旋转火花开关，使其电压达到 100V，此时电机的转速约为 1000r/min（旋转开关的电机电压控制在 80V 附近，不能超过 150V，以免烧毁电机）。

⑤ 关闭电源隔离室的门，利用高压电源的控制器开启电源，并缓慢上调电压，观察恰好发生放电时的最低电压（脉冲电压峰值＝30×调压器读数）。

⑥ 逐渐上调电压，测量不同电压下硫化氢的去除效果，并进行记录；分别改变空气流量与硫化氢气体浓度，重复上述实训。

⑦ 实训完毕后，先将高压电源的电压调回零值，关闭控制器；再将旋转开关的电压调

回零。

⑧ 将硫化氢气体钢瓶关闭，将风机关闭，并整理实训现场。

5. 实训数据记录与整理

将实训数据记录在表 2-15 中，绘制如下曲线并进行分析。

① 脉冲电压峰值对硫化氢去除率的影响。气体中硫化氢浓度与气体流量一定时，绘制硫化氢的去除率与脉冲电压峰值关系曲线。

② 气体处理时间对硫化氢去除率的影响。气体中硫化氢浓度及脉冲电压峰值一定时，绘制硫化氢的去除率与气体处理时间的关系曲线。

③ 硫化氢初始浓度对硫化氢去除率的影响。气体流量及脉冲电压峰值一定时，绘制硫化氢的去除率与硫化氢初始浓度的关系曲线。

④ 对上述三种曲线的变化趋势进行分析讨论。

表 2-15　　　　　　　脉冲电晕放电处理含硫化氢废气实训记录

班级：＿＿＿＿＿＿　　　组：＿＿＿＿＿＿　　　姓名：＿＿＿＿＿＿　　　日期：＿＿＿＿＿＿

室内温度：＿＿＿＿＿℃　　　　　旋转开关电压：＿＿＿＿＿V

脉冲电压/ kV	气体流量/ （m^3/h）	进口 H_2S 浓度/ （mg/m^3）	出口 H_2S 浓度/ （mg/m^3）	去除率/ %

6. 实训结果讨论

① 脉冲放电等离子体发生装置的主要构成及相应功能是什么？

② 脉冲放电等离子体的技术原理是什么？

③ 为什么要选用正高压放电？

④ 放电等离子体废气净化技术与电除尘技术的原理有何异同。

项目 2-10　XT 型高效填料净化塔性能测定实训

1. 实训背景

含 SO_2 的气体可采用吸收法净化。由于 SO_2 在水中溶解度不高，常采用化学吸收法。SO_2

的吸收剂种类较多，本实训采用 NaOH 或 NaCO$_3$ 溶液作为吸收剂，吸收过程发生的主要化学变化为：

$$NaOH+SO_2 \rightarrow Na_2SO_3+H_2O$$

$$Na_2CO_3+SO_2 \rightarrow Na_2SO_3+CO_2$$

$$Na_2SO_3+SO_2+H_2O \rightarrow NaHSO_3$$

本实训过程中，通过测定填料吸收塔进出口气体中 SO$_2$ 的含量，可近似计算出吸收塔的平均净化效率，进而了解吸收效果。

本实训中通过测出填料塔进出口气体的全压，可计算出填料塔的压降；若填料塔的进出口管道直径相等，用倾斜微压计测出其静压差即可求出压降。

2. 实训目的

① 了解用吸收法净化废气中 SO$_2$ 的原理和效果。

② 改变空塔气速，观察填料塔内气液接触状况和液泛现象。

③ 掌握测定填料吸收塔的吸收效率和压降的方法。

3. 实训条件

（1）装置

填料吸收塔吸收 SO$_2$ 实训装置如图 2-14 所示。吸收液从储液槽由水泵并通过转子流量计，由填料塔上部经喷淋装置喷入塔内，流经填料表面，由塔下部排出流回储液槽。空气由高压离心风机与 SO$_2$ 气体相混合，配制成一定浓度的混合气。SO$_2$ 来自钢瓶，并经流量计计量后进入进气管。含 SO$_2$ 的空气从塔底部进气口进入填料塔内，通过填料层后，气体经除雾器后由塔顶排出。

（2）装置主要技术数据

① 动力装置布置为负压式。

② 塔径 200mm。

③ 塔高 1790mm。

④ 气体进口管直径 90mm。

⑤ 气体出口管直径 90mm。

⑥ 喷淋密度 6~8m^3/（m^2·h）。

⑦ NaOH 吸收液浓度 5%。

⑧ SO$_2$ 进气浓度 0.1%~0.5%。

（3）仪器

① 干湿球温度计，1 支。

② 分光光度计，1 台。

③ 空盒式气压表，1 个。

④ 秒表，1 块。

⑤ 玻璃筛板吸收瓶，10mL，20 个。

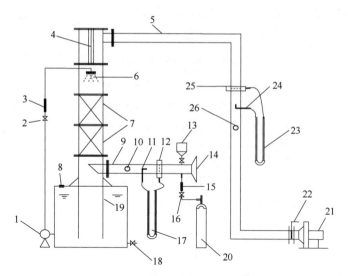

1—耐腐泵；　2—进水调节阀；　3—进水流量计；　4—折板除雾器；　5—出风管；　6—喷淋器；

7—填料层；　8—加水口；　9—进气管；　10—取样口1；　11—动压测口1；　12—静压测口1；

13—粉尘布灰斗；　14—喇叭形均流管；　15—反应气体流量计；　16—进气调节阀；　17—U型

管压差计1；　18—放空阀；　19—水箱；　20—SO_2 气体钢瓶；　21—高压离心风机；　22—风量

调节阀；　23—U型管压差计2；　24—动压测口2；　25—静压测口2；　26—取样口2。

图2-14　填料吸收塔吸收 SO_2 实训装置

⑥ 光电分析天平（分度值0.001g），1台。

⑦ 标准风速测定仪，1台。

⑧ 鼓风干燥箱，1台。

⑨ 烟气测试仪（采样用），2台。

⑩ 倾斜式微压计，3台（或综合烟气分析仪，2台）。

⑪ 其他化玻：容量瓶，具塞比色管，滴定管，移液管，棕色细口瓶，碘量瓶，锥形瓶等。

4. 实训操作过程

（1）准备工作

① 甲醛缓冲溶液吸收-盐酸副玫瑰苯胺分光光度法测定二氧化硫。

② 5%烧碱或纯碱溶液。称取工业用烧碱或纯碱1kg，溶于20kg水中，作为吸收系统的吸收液。

（2）操作步骤

① 正确连接实训装置，如图2-14所示，检查系统是否漏气，并在储液槽中注入已配制好的5%碱溶液。

② 在玻璃筛板吸收瓶内装入吸收 SO_2 用的吸收液 10mL。

③ 打开吸收塔的进液阀，并调节喷淋液体流量 Q_L，使液体均匀喷淋，并沿填料表面缓慢流下，以充分润湿填料表面，当液体由塔底流出后，将液体流量调节至 Q_L = 300L/h 左右。

④ 开启离心风机，调大气体流量，使塔内出现液泛。仔细观察此时的气液接触状况，并记录下液泛的气速 v_{Fmax}（由气体流量计算）。

⑤ 逐渐减小气体流量，在液泛现象消失后，即在接近液泛现象，吸收塔能正常工作时，开启 SO_2 气瓶，并调节其流量，使气体中 SO_2 的含量为 0.1%~0.5%（体积分数）。

⑥ 经 3min 待塔内操作完全稳定后，按要求开始测量并记录有关实训数据。

⑦ 在吸收塔的上下取样口用烟气测试仪（或综合烟气分析仪）同时采样。采样时，先将装入吸收液的吸收瓶放在烟气测试仪的金属架上。吸收瓶上和玻璃筛板相连的接口与取样口相连；吸收瓶上另一接口与烟气测试仪的进气口相连（注意：不能接反）。然后，开启烟气测试仪，以 0.5L/min 的采样流量采样 5~10min（视气体中 SO_2 浓度大小而定）。

⑧ 在喷淋液体流量 Q_L 不变，并保持气体中 SO_2 浓度在大致相同的情况下（SO_2 含量仍保持在 0.1%~0.5%），改变气体的流量，稳定运行 3min 后，按上述方法，测取 5 组数据。

⑨ 在气体流量 Q_S 不变，并保持气体中 SO_2 浓度在大致相同的情况下（SO_2 含量仍保持在 0.1%~0.5%），改变喷淋液体 Q_L 的流量，稳定运行 3min 后，重复上述步骤。

⑩ 实训完毕后，先关掉 SO_2 气瓶，待 2min 后再停止供液，最后停止鼓入空气。

⑪ 样品分析及计算。

5. 注意事项

① 填料塔不易处理含固体的流体，但适用于处理腐蚀性的流体。

② 在操作过程中，控制一定的液气比及气流速度，及时检查设备运转情况，防止液泛、雾沫夹带现象发生。

③ 填料塔设备应该放在通风干燥的地方，平时经常检查设备，有异常情况及时处理。

6. 实训数据记录与整理

本实训数据记录在表 2-16 和表 2-17 中。

① 气体流量变化测得的实训数据，固定喷淋液体流量 Q_L：_____ L/h。

② 喷淋液体流量变化测得的实训数据，固定气体流量 Q_S：_____ m³/h。

③ 吸收塔的平均净化效率（η）按式（2-13）计算。

$$\eta = \left(1 - \frac{\rho_2}{\rho_1}\right) \times 100\% \tag{2-13}$$

式中　ρ_1——标准状态下吸收塔入口处气体中 SO_2 的质量浓度，mg/m³；

　　　ρ_2——标准状态下吸收塔出口处气体中 SO_2 的质量浓度，mg/m³。

表 2-16　　　　　　　　　填料塔气体流量变化测定结果记录　　　　　　　　日期：＿＿＿＿＿

实训次数	气体流量/ （m³/h）	原气浓度 ρ_1/ （μg/m³）	净化后浓度 ρ_2/ （μg/m³）	净化效率 η / %	压力损失/ Pa
1					
2					
3					
4					
5					

表 2-17　　　　　　　　填料塔喷淋液体流量变化测定结果记录　　　　　　　日期：＿＿＿＿＿

实训次数	液体流量/ （L/h）	原气浓度 ρ_1/ （μg/m³）	净化后浓度 ρ_2/ （μg/m³）	净化效率 η /%	压力损失/ Pa
1					
2					
3					
4					
5					

④ 填料塔压降（ΔP）按式（2-14）计算。

$$\Delta P = P_1 - P_2 \tag{2-14}$$

式中　P_1——吸收塔入口处气体的全压或静压，Pa；

　　　P_2——吸收塔出口处气体的全压或静压，Pa。

⑤ 填料塔的液泛速度（$v_{F\max}$）按式（2-15）计算。

$$v_{F\max} = \frac{Q_S}{F} \tag{2-15}$$

式中　Q_S——气体流量，m³/h；

　　　F——填料塔截面积，m²。

⑥ 压力损失、净化效率和空塔气速的关系曲线。整理 5 组不同空塔气速 v_F 下的 ΔP 和 η 资料，绘制 v_F-ΔP 和 v_F-η 实训性能曲线，分析空塔气速对填料塔的压力损失和净化效率的影响。

⑦ 压力损失、净化效率和喷淋液体流量 Q_L 的关系曲线。整理 5 组不同喷淋液体流量 Q_L 下的 ΔP 和 η 资料，绘制 Q_L-ΔP 和 Q_L-η 实训性能曲线，分析 Q_L 对填料塔的压力损失和净化效率的影响。

7. 实训结果讨论

① 从实训结果标绘出的曲线可以得出哪些结论？

② 该实训还存在什么问题？应做哪些改进？

03

模块三

固体废弃物污染治理

项目 3-1　铬渣的破碎及筛分实训

1. 实训背景

筛分是固体废弃物分选、回收、利用及进行最终处置前的一个重要环节，利用筛分法对混合物料进行分选和粒度分析，具有简单易行的优点。

（1）筛分原理

筛分适用于粒度 $d>0.04$mm 的混合物料的分离。该分离过程可以看作是物料分层和细粒透筛两个阶段组成的，物料分层是完成分离的条件，细粒透筛是分离的目的。筛分是在套筛上进行的，筛子按孔径从大到小、由上而下的顺序排列。为了使粗细物料通过筛面而分离，必须使物料和筛面之间具有适当的相对运动。

（2）筛分效率

从理论上讲，固体废弃物中凡是粒度小于筛孔尺寸的细粒都应该透过筛孔成为筛下产品，而大于筛孔尺寸的粗粒应全部留在筛上排出成为筛上产品。但是，实际上由于筛分过程中各种因素的影响，总会有一些小于筛孔的细粒留在筛上随粗粒一起排出成为筛上产品。筛上产品中未透过筛孔的细粒越多，说明筛分效果越差。为了评定筛分设备的分离效率，引入筛分效率这一指标。筛分效率是指实际得到的筛下产品质量与入筛废弃物中所含小于筛孔尺寸的细粒物料质量之比，用百分数表示，按式（3-1）计算。

$$E = \frac{Q_1}{Q \times \alpha} \times 100\% \qquad (3-1)$$

式中　E——筛分效率，%；

　　　Q——入筛固体废弃物质量，g；

　　　Q_1——筛下产品质量，g；

　　　α——入筛固体废弃物中小于筛孔的细粒含量，%。

影响筛分效率的因素有：固体废弃物的性质，筛分设备，筛分操作条件。

2. 实训目的

① 了解并掌握铬渣预处理的方法——破碎及过筛。

② 学会对固体废弃物进行制样。

3. 实训条件

设备和仪表仪器：

① 研钵，1 个。　　　　　　　　　⑤ 小铲子，1 套。

② 筛子（200 目），1 把。　　　　⑥ 刷子，1 套。

③ 烧杯，2 个。　　　　　　　　　⑦ 电子分析天平，1 台。

④ 自然风干铬渣。

4. 实训操作过程

（1）样品配制

取经自然风干的铬渣，置于研钵内研磨，取一个较合适的配比，堆成样堆。

（2）取样

① 确定筛分取样量。合适的筛分取样量对筛分分析的准确性起重要作用，合适的试样量，一方面应使筛面不出现过载现象，同时应保证经筛分后，筛面上的物料足够称重。

② 四分法缩分样品。先将总样堆成锥形料堆，堆放时将物料铲往料堆顶部，使物料沿料堆顶部流下。然后，用铲子摊平堆顶，使物料堆均匀扩散成具有一定厚度的圆饼状，再将该料饼均匀分成四等份，去掉对角的两份，余下的物料再重复上述过程。应注意在堆料时，用铁铲由余下的两个四分之一料饼上交替铲料，并要使每铲物料量相等，这样重复缩分至取样量为止。

（3）入筛及筛分

将选择好的铬渣倒入筛中，进行筛分操作。

（4）称量

收集过筛后的铬渣约 60~70g，并计算筛分效率。

5. 注意事项

① 取样的代表性是实训结果准确可靠的关键因素，要注意四分法缩分样品的操作细节和精确度。

② 较细的筛网容易堵塞和断裂从而影响筛分效率，因此清理筛面时要仔细认真，注意不要弄断筛网丝线。

6. 实训数据记录与整理

（1）记录实训数据

铬渣的破碎及筛分实训数据记录在表 3-1 中。

（2）实训要求

① 查阅有关固体废弃物取样方法和筛分分选的资料。

② 能适当了解一些科研过程，培养学生发现问题、分析问题、解决问题的能力。

③ 独立操作每一个实训步骤，了解和掌握其相关的原理，培养学生熟练的操作能力。

表 3-1　　　　　　　　　　　　铬渣的破碎及筛分实训记录　　　　　日期：_____

样品序号	称量与计算项目		
	Q/g	Q_1/g	$E/\%$
1			
2			
3			
4			

7. 实训结果讨论

① 固体废弃物的取样方法有哪些？怎样保证取样的代表性？

② 固体废弃物分选的方法有哪些？筛分适合分离什么样的固体混合物？

③ 影响筛分效率的因素有哪些？

项目 3-2　垃圾发酵实训

1. 实训背景

垃圾发酵属于厌氧发酵。厌氧处理在废弃物处理上大多用于水处理，在生活垃圾的处理上用得较少。厌氧发酵也叫厌氧消化、沼气发酵、甲烷发酵，是将复杂有机物在无氧条件下利用厌氧微生物（发酵性细菌、产氢产乙酸菌、耗氢耗乙酸菌、食氢产甲烷菌、食乙酸产甲烷菌等）降解生成含氮化合物、含磷化合物和甲烷、二氧化碳等气体的过程。

2. 实训目的

① 了解有机垃圾发酵处理的特点及其影响因素。

② 掌握控制发酵各参数的条件。

3. 实训条件

设备和仪表仪器：

① 本装置由全套不锈钢制作，不锈钢罐直径 350mm，总高 1200mm。

② 调速电机 1 台，调速器 1 套。

③ 不锈钢水浴锅 1 套，加热系统 1 套。

④ 温度传感器 1 个，温度控制系统 1 套。

⑤ 气阀 1 个，放空口 1 个。

⑥ 金属电控制箱，1 只。

⑦ 漏电保护开关 1 套，按钮开关 2 个，电压表 1 个（0~250V）。

⑧ 不锈钢支架，1 套。

⑨ 小风机，1 台。

⑩ 分析和记录仪器，包括烘箱，马弗炉，天平，TOC 和 TN 分析仪，数据检测记录仪，计算机等。

4. 实训操作过程

① 把运来的生活垃圾（城市生活垃圾物质为佳），用铁锹反复搅拌均匀后放入罐内。

② 将少量水放入罐内，打开小风机向罐体内通风 2~3h。

③ 在罐内用温度计监测温度。

④ 第二天开始记录，约 1~3 周完成发酵过程。天气热发酵快，天气冷时使用水浴锅提高温度进行发酵。

⑤ 过两三天后，发酵反应室要打开，让沼气排出。如果一星期后，发酵达到最高点，可用小风机把沼气强制排出。

⑥ 初始及发酵结束时，测定堆肥材料的含水率（MC）、总固体（TS）、挥发性固体（VS）、碳氮比（C/N）；发酵过程中，测定发酵材料的温度和 pH。

a. TS 测定方法：固体含量是厌氧消化的一个重要指标，反映了反应器处理效率的高低。总固体含量的测试方法采用烘干法，即将原料在 105℃ 下烘干至恒重，此时物质的质量就是该样品的总固体含量。

b. VS 测定方法：将在 105℃ 下烘干的原料放在 500~550℃ 下灼烧 1h，其减轻的质量就是该样品挥发性固体量。

⑦ 在实训中绘制时间-温度曲线图。

⑧ 实训完成后，将反应室底部渗漏液取样口阀门打开，记录渗漏液量。

5. 注意事项

① 环境温度为 5~45℃。

② 处理垃圾箱体体积为 0.15m³/次。

③ 发酵时工作温度为 20~50℃。

④ 排气量为 20m³/h。

6. 实训数据记录与整理

垃圾发酵实训数据记录在表 3-2 中。

表3-2			垃圾发酵实训数据记录		日期：_____	
发酵时间/天	含水率（MC）/%	总固体（TS）	挥发性固体（VS）	碳氮比（C/N）	pH	温度/℃
1						
2						
3						
4						

7. 实训结果讨论

① 分析碳氮比（C/N）对发酵的影响规律。

② 分析 pH 对发酵的影响规律。

项目 3-3 污泥毛细吸水时间的测定实训

1. 实训背景

毛细吸水时间（Capillary Suction Time，简称 CST）是一个表示污泥脱水性能的指标。CST愈大，污泥的脱水性能愈差，反之脱水性能愈好。本实训测定活性污泥的 CST，是以聚丙烯酰胺絮凝剂进行实训的。

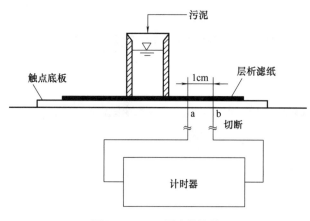

图 3-1 CST 测定仪构造

毛细吸水仪的构成主要有：上下两块透明的聚乙烯或聚丙烯塑板，一个圆形（圆槽式 CSA）或矩形（矩形槽式 CSA）套管，一张滤纸，三个（也有用两个的）安装在上面一块塑板上的电触头和一个电算自动计时器（基本构造如图 3-1 所示）。当污泥进入套管后，污泥中的水分就通过滤纸向四周散开，形成一个湿圈，当湿圈扩展到第一个电触头时，电讯号产生，计时开始，直到湿圈继续扩大并至少接触到另两个电触头（这两个电触头与圆中心等距当中的一个）时，电讯号中断，计时结束。这时，计时器所显示的时间即为 CST。

2. 实训目的

① 了解 CST 的含义。

② 掌握测定污泥比阻的方法。

③ 掌握确定投加絮凝剂的方法。

3. 实训条件

装置与设备：

① CST 测定仪。

② 六联搅拌仪。

③ 刻度为 1000mL 和 100mL 的容量瓶各 2 个，50mL 烧杯 9 个等。

4. 实训操作过程

① 测定污泥的固体浓度。

② 配制阳离子型、阴离子型和非离子型聚丙烯酰胺絮凝剂溶液（1g/L）。

③ 在底部聚乙烯或聚丙烯塑板放置 Whatman17# 滤纸，在滤纸上放置带有电触头的聚乙烯或聚丙烯塑板，并将不锈钢内缩圆筒（直槽）口径较小的一端朝下放入塑板圆孔中。

④ 将聚丙烯酰胺絮凝剂溶液按一定的量（絮凝剂的加量分别为污泥干重的 0.5‰，1.0‰，1.5‰，2.0‰，2.5‰，3.0‰，3.5‰，4.0‰）加入放有污泥的烧杯中，在 100~400r/min 的转速下，用六联搅拌机进行搅拌。

⑤ 污泥搅拌后，立即加入 CST 圆槽中。开启 CST 测定仪，开始计时，当计时终止后，CST 仪上显示的时间即为污泥的 CST。

5. 注意事项

① 聚丙烯酰胺絮凝剂具有很强的吸水性，在具体操作时，称量速度要快，以免吸湿后黏附在称量纸上，造成用量不准。

② 每次使用六联搅拌机后，要将搅拌机清洗干净，如果清洗有困难，可用少量 95% 的酒精溶液擦拭干净。

③ 每次使用 CST 测定仪时，要更换滤纸，并用干净的纸巾将塑板擦干。

6. 实训数据记录与整理

污泥毛细吸水时间的测定实训数据记录在表 3-3 中。

表 3-3　　　　　　　　不同剂量下各种絮凝剂调理后的污泥 CST 值　　　　　日期：_____

CST 值/s	药剂投加量/‰	调理剂类型（写明具体名称）			备注：污泥浓度/(g/L)
		阳离子型	非离子型	阴离子型	
	0（对照）				
	0.5				
	1.0				
	1.5				
	2.0				
	2.5				
	3.0				
	3.5				
	4.0				

7. 实训结果讨论

① 在配制聚丙烯酰胺絮凝剂溶液时，为什么常常先用少量酒精将聚丙烯酰胺絮凝剂溶解或分散开？

② 在污泥调理后，为什么要快速加入 CST 圆形直槽中进行 CST 测试？

项目 3-4　有害固体废弃物的固化处理实训

1. 实训背景

将有害废弃物与固化剂或黏结剂，经混合后发生化学反应而形成坚硬的固状物，使有害废弃物固定在固状物内，或是将有害废弃物封装起来的处理方法叫固化或稳定化。有害废弃物经固化处理后，其渗透性和溶出性均可降低。所得固化体能安全地运输和进行堆存或填埋，稳定性和强度适宜的产品可以作为筑路的基材使用。

固化处理划分为包胶固化、自胶固化、玻璃固化和水玻固化。一般废弃物固化都采用包胶固化的方法，包胶固化是采用某种固化基材对废弃物进行包覆处理的一种方法。本实训以水泥为基材，对含铬废渣进行固化。

水泥基固化是利用水泥和水化合时产生水硬胶凝作用将废弃物包覆的一种方法。普通硅酸盐水泥的主要成分为硅酸三钙、硅酸二钙、铝酸三钙和铁铝四钙，它们与水发生水化作用，产生如下一系列反应：

$$CaO \cdot SiO_2 + H_2O \rightarrow CaO \cdot SiO_2 \cdot H_2O + Ca(OH)_2$$

$$CaO \cdot SiO_2 + H_2O \rightarrow CaO \cdot SiO_2 \cdot H_2O$$

$$CaO \cdot Al_2O_3 + H_2O \rightarrow CaO \cdot Al_2O_3 \cdot H_2O$$

$$CaO \cdot Al_2O_3 \cdot Fe_2O_3 + H_2O \rightarrow CaO \cdot Al_2O_3 \cdot H_2O + CaO \cdot Fe_2O_3 \cdot H_2O$$

2. 实训目的

① 了解固化的基本原理。

② 初步掌握用固化法处理有害废弃物的研究方法。

3. 实训条件

（1）仪器设备

① 搅拌锅。   ⑥ 天平。

② 拌和铲。   ⑦ 标准稠度与凝结时间测定仪。

③ 振动台。   ⑧ 压力测试机。

④ 养护箱。   ⑨ 分光光度计。

⑤ 台秤。   ⑩ 模子。

（2）材料及药品

① 普通硅酸盐水泥。   ② 铬渣和分析铬所需药品。

4. 实训操作过程

（1）制作固化体

称取水泥 150g，重铬酸钾（化学纯）0.5，1.0，1.5，2.0g。将水泥和重铬酸钾混匀后缓缓加入 50mL 左右的水中并搅拌，放置于养护箱内硬凝至少 24h。

（2）有毒物质的浸出

将固化体浸泡于 300mL 蒸馏水中过夜，于第二天测定蒸馏水中六价铬的含量。

5. 实训数据记录与整理

有害固体废弃物的固化处理实训数据记录在表 3-4 中。

表 3-4   有害固体废弃物的固化处理实训记录   日期：_____

配比	浸出液中六价铬含量/（mg/L）	六价铬溶出率/%

$m_{水泥}$ = _____ $V_水$ = _____

浸出液 pH = _____ $M_{重铬酸钾}$ = _____

滤液中六价铬的含量 m = _____

有毒物质的浸出率 $m/M_{重铬酸钾}$ = _____

6. 实训结果讨论

① 分析水泥固化的原理。

② 水泥块为何需要在养护箱中养护一段时间？

③ 进行有毒物质溶出率试验对于废渣处理有何意义？

项目 3-5 垃圾覆盖型填埋柱实训

1. 实训背景

生活垃圾是需要无害化厌氧发酵处理的，原理是用一个密封箱（箱内放置生活垃圾及粪便水），在无氧条件下，专性厌氧细菌降解有机物。碳素大部分转化为甲烷，氮素转化为氨和氮，硫素转化为硫化氢。

2. 实训目的

① 掌握垃圾填埋的方法。

② 了解垃圾填埋发酵的影响因素。

3. 实训条件

设备和仪表仪器：

① 填埋柱，直径 200mm，高 1500mm。

② 不锈钢台架，尺寸 700mm×400mm×1600mm。

③ 气泵，1 台。

④ 金属电控制箱 1 只，漏电保护开关 1 套，按钮开关 1 个，电压表 1 个（0~250V），不锈钢支架 1 套等。

4. 实训操作过程

① 把运来的生活垃圾（菜叶、鱼、肉、饭等物质为佳），用铁锹反复搅拌均匀后，放入箱内，一层垃圾，浇一层粪便水，约分四层装满。

② 把箱顶盖盖上，将水放入槽内，把盖密封好。

③ 在箱的上、中、下部装上温度计。

④ 第二天开始记录，约 2~3 周完成发酵实训。天气热发酵快，天气冷发酵慢。

⑤ 过两三天后，要打开箱顶盖门，让沼气排出。如果一星期后，发酵达到最高点，可用小风机强行把沼气排出。

⑥ 实训完成后，箱底的阀门打开，记录渗漏液量。

5. 注意事项

① 环境温度为 5~60℃。

② 处理垃圾箱体体积为 0.22m³/次。

③ 发酵时工作温度为 20~55℃。

④ 排气量为 29m³/h。

⑤ 电源 220V，单相三线制，功率 200W。

6. 实训数据记录与整理

（1）记录实训条件

日期：_____年_____月_____日

（2）记录实训数据

记录天数和温度并绘制时间-温度曲线图。

7. 实训结果讨论

① 分析填埋发酵的影响因素。

② 分析沼气量的影响因素。

项目 3-6　垃圾渗滤液的沥浸实训

1. 实训背景

垃圾填埋产生的渗滤液在向下迁移的过程中，其中的许多成分，包括有机质、金属等物质受到土壤的净化作用，浓度会逐渐降低，同时使土壤受到污染。

2. 实训目的

① 理解垃圾渗滤液的沥浸。

② 掌握垃圾渗滤液沥透模拟装置的操作方法。

3. 实训条件

（1）装置

垃圾渗滤液沥透模拟装置如图 3-2 所示。

（2）仪器设备

① 模拟淋滤装置，4 套。

② pH 计，1 台。

③ 回流锥形瓶，250mL，6 个。

④ 回流冷凝管，6 个。

⑤ 酸式滴定管，25mL，1 个。

⑥ 电炉，6 台。

（3）所需药品及配制方法

① 0.25mol/L 重铬酸钾标准溶液。称取预先在 120℃烘干 2h 的优级纯重铬酸钾 12.258g 溶于水中，移入 1000mL 容量瓶中，稀释至标线，摇匀。

② 硫酸-硫酸银溶液。于 2500mL 浓硫酸中加入 25g 硫酸银。放置 1~2 天，不时摇动使其溶解。

③ 硫酸亚铁铵标准溶液（0.1mol/L）。称取 39.5g 硫酸亚铁铵溶于水中，边搅拌边缓慢加入 20mL 浓硫酸，冷却后移入 1000mL 容量瓶中，加水稀释至标线，摇匀。临用前，用重铬酸钾标准溶液标定。

标定方法：准确吸取 10.00mL 重铬酸钾标准溶液于 500mL 锥形瓶中，加水稀释至 110mL 左右，缓慢加入 30mL 浓硫酸，混匀。冷却后，加入 3 滴试亚铁灵指示剂（约 0.15mL），用硫酸亚铁铵溶液滴定，溶液的颜色由黄色变成蓝绿色。硫酸亚铁铵标准溶液的浓度的计算见式（3-2）。

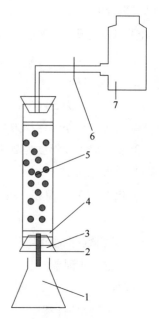

1—锥形瓶；　2—玻璃管；　3—橡胶塞；　4—玻璃棉；　5—土壤样品；　6—止水夹；　7—供水瓶。

图 3-2　垃圾渗滤液沥透模拟装置

$$C = \frac{0.2500 \times 10.00}{V} \tag{3-2}$$

式中　C——硫酸亚铁铵标准溶液的浓度，mol/L；

V——硫酸亚铁铵标准溶液的用量，mL。

④ 试亚铁灵指示剂。称取 1.485g 邻菲啰啉（$C_{12}H_8N_2 \cdot H_2O$），0.695g 硫酸亚铁（$FeSO_4 \cdot 7H_2O$）溶于水中，稀释至 100mL，存于棕色瓶内。

4. 实训操作过程

① 取适量土壤，取出石头、瓦块等粒度较大的颗粒后，摊铺晾干，在玻璃模拟淋滤柱中装入土样。

② 取适量垃圾渗滤液，稀释到 COD 浓度约 2000mg/L 备用。

③ 将稀释后的渗滤液注入模拟淋滤柱装置上部，保持渗滤液水头约 10cm 左右，同时记录

时间。

④ 渗滤液从柱底部渗出后，立即记录时间，并进行 pH 和 COD 的监测。

⑤ COD 的测定。

a. 取 20.00mL 混合均匀的淋滤后的渗滤液（或适量渗滤液稀释至 20.00mL）置于 250mL 磨口的回流锥形瓶中，准确加入 10.00mL 浓度 0.25mol/L 的重铬酸钾标准溶液及数粒洗净的玻璃珠或沸石，连接磨口回流冷凝管，从冷凝管上口慢慢地加入 30mL 硫酸-硫酸银溶液，轻轻摇动锥形瓶使溶液混匀，加热回流 2h（自开始沸腾时计时）。

b. 冷却后，用 90mL 水从上部慢慢冲洗冷凝管壁，取下锥形瓶。溶液总体积不得少于 140mL，否则会因酸度太大滴定终点不明显。

c. 溶液再度冷却，加三滴试亚铁灵指示剂，用硫酸亚铁铵标准溶液滴定，溶液的颜色由黄色经蓝绿色至红褐色即为终点，记录硫酸亚铁铵标准溶液的用量。

d. 测定水样的同时，以 20.00mL 蒸馏水，按同样操作步骤做空白试验。记录滴定空白时硫酸亚铁铵标准溶液的用量，COD 浓度按式（3-3）计算。

$$\rho(COD) = \frac{(V_0 - V_1) \times C \times 8 \times 1000}{V} \tag{3-3}$$

式中　C——硫酸亚铁铵标准溶液的浓度，mol/L；

V_0——滴定空白时硫酸亚铁铵标准溶液用量，mL；

V_1——滴定水样时硫酸亚铁铵标准溶液的用量，mL；

V——水样的体积，mL；

8——氧 $\left(\frac{1}{2}O\right)$ 摩尔质量，g/mol。

5. 注意事项

① 注意控制装土样固体废弃物的压实密度，过密将延长实训时间，过松将影响净化效果，装柱完毕后测量土样厚度。

② 每隔一定时间对渗滤液浓度进行同步监测，前期监测时间间隔可稍短（10~20min），以后时间间隔可适当延长（30~60min）。用稀释倍数法测量 COD 浓度。

6. 实训数据记录与整理

① 垃圾渗滤液的沥浸实训数据记录在表 3-5 中。

② 绘制渗滤液 COD 随时间的变化曲线以及土柱对渗滤液 COD 的净化效率的曲线。

7. 实训结果讨论

若实训土料变为施工防渗的黏土，结果会有哪些差异？

表3-5　　　　　　　　　　垃圾渗滤液的沥浸实训数据记录　　　　　　　日期：_____

取样时间	渗透水量/mL	pH	COD/(mg/L)
0min			
10min			
30min			
1h			
2h			
3h			

项目 3-7　污泥脱水性能的测定实训

1. 实训背景

污水处理过程中，会产生大量的污泥，其数量占处理水量的0.3%~0.5%（以含水率为97%计）。污泥脱水是污泥减量化中最经济的一种方法，是污泥处理工艺中的一个重要环节，其目的是去除污泥中的空隙水和毛细水，降低污泥的含水率，为污泥的最终处置创造条件。

2. 实训目的

① 考察脱水后泥饼的含固率。

② 掌握影响污泥脱水性能的因素。

3. 实训条件

（1）药品及配制方法

① 10%H_2SO_4（质量分数）。取102mL浓硫酸用去离子水缓慢稀释到1000mL。

② 0.5%阳离子型聚丙烯酰胺。称取0.5g聚丙烯酰胺定容稀释至100mL。

（2）仪器设备

① 离心机，1台。

② 恒温干燥箱，1台。

③ 玻璃棒，6根。

④ 烧杯，250mL，4组，每组3个。

⑤ 离心管，100mL，2组，每组6个。

⑥ 称量瓶，50mL，4组，每组6个。

4. 实训操作过程

① 采用机械脱水法测定污泥的脱水性能。将100mL浓缩污泥加到250mL烧杯中。

② 加浓度为10%的2mL硫酸酸化，快速搅拌30s，慢搅拌5min。

③ 再加阳离子聚丙烯酰胺，搅拌使污泥形成矾花，酸化及絮凝反应均在烧杯中进行。

④ 将预处理好的污泥分成2份，分别转入100mL离心管中，在4000r/min和2000r/min下离心10min，小心倾倒去除上清液（避免使固体再悬浮）。

⑤ 取泥饼（2±0.1）g（准确记录重量），放入预先已经干燥恒重的称量瓶中，放在105℃的干燥箱中至恒重（2次称量误差小于0.0005g），计算含固率。

5. 注意事项

聚丙烯酰胺要缓慢加入，且边加边充分搅拌，方能形成矾花。

6. 实训数据记录与整理

污泥脱水性能的测定实训数据记录在表3-6中。

表3-6　　　　　　　　　不同加药方案设计和脱水效果　　　　　　日期：＿＿＿＿＿＿

加药方案 （每个方案2个平行样）	离心泥饼含固率	
	4000r/min, 10min	2000r/min, 10min
空白（浓缩污泥）		
只加0.5%阳离子型聚丙烯酰胺		
硫酸10%，加0.5%阳离子型聚丙烯酰胺		

7. 实训结果讨论

① 污泥粒径是衡量污泥脱水效果最重要的因素吗？

② pH越低，则离心脱水的效率越高是否正确？

模块四

环境噪声污染治理

项目 4-1　环境噪声测量实训

1. 实训背景

噪声对人的影响大小，要由人们的主观感受来衡量。人耳听声，虽说是声压越大，声音越响，但声压与人耳感觉的响度并不是成正比关系，而是成对数关系，即人耳对声音是对数检测器。人耳感受声音不仅与声压有关，而且还与频率有关。不同频率的声音，虽然声压相同，但人耳听起来往往不是一样的响度。根据人耳的这种听觉特性，引入了响度与响度级、计权声级等主观评价量。

2. 实训目的

① 了解环境噪声的量度和评价。
② 熟悉用声级计测量环境噪声声级和频谱的方法。

3. 实训条件

便携式声级计。

4. 实训操作过程

① 测点描述。选取校园内五个不同的典型位置处（临街→操场→图书馆→宿舍→教学区），每个测点每2分钟读数一次，共计读数15组。
② 方法描述。定点移动测量法。
③ 内容描述。测量校园区域环境噪声分布，整理分析测量结果。用声级计测量校园指定地域环境噪声的 A 计权总声压级、等效连续 A 声级并作倍频程频谱分析。

测量时仪器的计权特性为"快"。在校园内取五个测点，其中自由选择的三个测点由声级计自动获得等效连续 A 声级，剩下两个测点在 1min 内每隔 5s 读取一个数值，然后根据式（4-1）或式（4-2）计算得出连续等效 A 声级。

$$L_{eq} = 10\lg\left[\frac{1}{N}\sum_{i=1}^{N}10^{L_{Ai}/10}\right] \tag{4-1}$$

$$L_{eq} = L_{50} + \frac{(L_{10}-L_{90})^2}{60} \tag{4-2}$$

5. 注意事项

（1）测点的选择

要根据噪声测量的对象，选择不同的测点。如为了评价或检验机器设备噪声，测点应分布在机器近旁。对于空气动力性设备、交通车辆、城市区域环境等噪声的测量，测点都有一定的要求，应按有关测量标准中的规定选择测点。

（2）表头阻尼挡的选择

声级计表头的阻尼，一般都有"快"挡和"慢"挡。在测量噪声时，一般都使用"快"挡，因为"快"挡读数近似人耳听觉的生理特性。只有在"快"挡表计起伏摆动超过 3dB 时才用"慢"挡。对于离散的冲击声，用脉冲声级计读取脉冲或脉冲保持值；对于间歇噪声，用"快"挡读取每次出现的最大值，以数次测量取平均值；对于无规则变动噪声，可用"慢"挡每隔 5s 读取一次瞬时值，计算连续等效声级。

（3）测量环境条件的影响

测量噪声时，常受到环境和气象因素的影响。主要考虑传声器附近不能有反射物存在，测量尽量避开反射物，所以，传声器距反射物一般应不小于 2m。风的影响：当风吹向传声器时，将产生湍流，使传声器膜片上的压力涨落从而产生噪声，因此测量时应在传声器上安装防风罩。

6. 实训数据记录与管理

环境噪声测量实训数据记录见表 4-1。

表 4-1　　　　　　　　　　　环境噪声测量实训记录

测点位置：临街　　　　　　　　　　　　　　　测量时间：_____

时间	声压级	时间	声压级
10：20		10：36	
10：22		10：38	
10：24		10：40	
10：26		10：42	
10：28		10：44	
10：30		10：46	
10：32		10：48	
10：34			

测点位置：操场　　　　　　　　　　　　　　　测量时间：_____

时间	声压级	时间	声压级
10：20		10：36	
10：22		10：38	
10：24		10：40	
10：26		10：42	
10：28		10：44	
10：30		10：46	
10：32		10：48	
10：34			

续表

测点位置：图书馆 　　　　　　　　　　　　　　　测量时间：_____

时间	声压级	时间	声压级
10：20		10：36	
10：22		10：38	
10：24		10：40	
10：26		10：42	
10：28		10：44	
10：30		10：46	
10：32		10：48	
10：34			

测点位置：宿舍 　　　　　　　　　　　　　　　　测量时间：_____

时间	声压级	时间	声压级
10：20		10：36	
10：22		10：38	
10：24		10：40	
10：26		10：42	
10：28		10：44	
10：30		10：46	
10：32		10：48	
10：34			

测点位置：教学区 　　　　　　　　　　　　　　　测量时间：_____

时间	声压级	时间	声压级
10：20		10：36	
10：22		10：38	
10：24		10：40	
10：26		10：42	
10：28		10：44	
10：30		10：46	
10：32		10：48	
10：34			

7. 实训结果讨论

① 为什么使用 A 计权网络？

② 环境噪声测量为什么采用等效连续 A 声级？

③ 什么情况使用频谱分析？针对环境区域噪声评价，采用何种频谱分析？

项目 4-2 驻波管法吸声材料垂直入射吸声系数的测量实训

1. 实训背景

在驻波管中传播平面波的频率范围内，声波入射到管中，再从试件表面反射回来，入射波和反射波叠加后在管中形成驻波，由此形成沿驻波管长度方向声压极大值与极小值的交替分布。

2. 实训目的

本实训可以加深对垂直入射吸声系数的理解，了解人耳听觉的频率范围，获得对一些频率纯音的感性认识。有关本实训详细内容和要求，请参照国家标准 GBJ 88—1985《驻波管法吸声系数与声阻抗率测量规范》。

3. 实训条件

典型的测量材料吸声系数用的驻波管系统如图 4-1 所示。其主要部分是一根内壁坚硬光滑，截面均匀的管子（圆管或方管），管子的一端用以安装被测试材料样品，管子的另一端为扬声器。当扬声器向管中辐射的声波频率与管子截面的几何尺寸满足相关关系时，则在管中只有沿管轴方向传播的平面波。

平面声波传播到材料表面被反射回来，这样入射声波与反射声波在管中叠加从而形成驻波声场。从材料表面位置开始，管中出现了声压极大和极小的交替分布。利用可移动的探管（传声器）接收管中驻波声场的声压，即可通过测试仪器测出声压级极大与极小的声级差 L_p 或声压极小值与极大值的比值即驻波比 S。

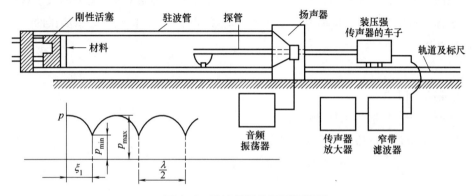

图 4-1 驻波管结构及测量装置

为在管中获得平面波，驻波管测量所采用的声信号为单频信号，但扬声器辐射声波中包含了高次谐波分量，因此在接收端必须进行滤波才能去掉不必要的高次谐波成分。由于要满足在管中传播的声波为平面波以及必要的声压极大值、极小值的数目，常设计有低、中、高三种尺寸和长度的驻波管，分别适用于不同的频率范围。

4. 实训操作过程

利用驻波管测试材料垂直入射吸声系数的步骤如下：

① 调整单频信号发生器的频率到指定的数值，并调节信号发生器的输出以得到适宜的音量。

② 移动传声器小车到除极小值以外的任一位置，改变接收滤波器通带的中心频率，使测试仪器得到最大读数。这时接收滤波器通带的中心频率与管中实际声波频率准确一致。

③ 将探管端部移至试件表面处，然后慢慢离开，找到一个声压极大值，并改变测量放大器的增益，使测试仪器表头的指针正好处在满刻度的位置，小心地找出相邻的第一个极小值，这样就得到 S 或 L_p。

④ 调整单频信号发生器到其他频率，重复以上步骤，就可得到各测试频率的垂直入射吸声系数。

5. 注意事项

① 在本实训中，可以借助单频信号发生器和扬声器，聆听各种频率的纯音信号的特征、声波频率升高以及降低时声音的变化特征，认识人耳听音的频率范围的概念。

② 每人需要完成实训报告一份，包括实训目的、原理、内容、总结。

6. 实训数据记录与整理

记录实训数据并整理结果报告。材料垂直入射吸声系数测试结果报告中，应包含被测材料的参数（如名称、厚度、密度等）、试件安装情况（是否留有空腔）等基本描述。测试结果以表格和曲线图的形式表示。表格中表明测试的各 1/3 倍频程中心频率及其对应的吸声系数。曲线图的纵坐标表示吸声系数，坐标范围从 0 到 1.0，间隔取 0.2；横坐标表示测试的频率，取 1/3 倍频程的中心频率。

7. 实训结果讨论

① 不同吸声材料的吸声机理是什么？

② 除了驻波管法外，吸声系数的测量还有什么方法？

参 考 文 献

[1] 张振家, 张虹. 环境工程学基础 [M]. 北京：化学工业出版社, 2006.

[2] 庄正宁. 环境工程基础 [M]. 北京：中国电力出版社, 2006.

[3] 张希衡. 水污染控制工程 [M]. 2版. 北京：冶金工业出版社, 1993.

[4] 蒋展鹏. 环境工程学 [M]. 3版. 北京：高等教育出版社, 2013.

[5] 王燕飞. 水污染控制技术 [M]. 2版. 北京：化学工业出版社, 2008.

[6] 缪应祺. 水污染控制工程 [M]. 南京：东南大学出版社, 2002.

[7] 唐玉斌. 水污染控制工程 [M]. 哈尔滨：哈尔滨工业大学出版社, 2006.

[8] 徐强. 污泥处理处置技术及装置 [M]. 北京：化学工业出版社, 2003.

[9] 余杰, 田宁宁, 王凯军, 等. 中国城市污水处理厂污泥处理、处置问题探讨分析 [J]. 环境工程学报, 2007, 1 (1)：82-86.

[10] 许晓萍. 我国市政污泥处理现状与发展探析 [J]. 江西化工, 2010, 1 (3)：24-32.

[11] 李兵, 张承龙, 赵由才. 污泥表征与预处理技术 [M]. 北京：冶金工业出版社, 2010.

[12] 陆美娟. 化工原理 (下册) [M]. 北京：化学工业出版社, 2001.

[13] 叶振华. 化工吸附分离过程 [M]. 北京：中国石化出版社, 1992.

[14] 刘景良. 大气污染控制工程 [M]. 北京：中国轻工业出版社, 2002.

[15] 刘叶青. 生物分离工程试验 [M]. 2版. 北京：高等教育出版社, 2014.

[16] 王湛. 化工原理800例 [M]. 北京：国防工业出版社, 2005.

[17] 郭静, 阮宜纶. 大气污染控制工程 [M]. 北京：化学工业出版社, 2010.

[18] 李广超, 李国会. 大气污染控制技术 [M]. 北京：化学工业出版社, 2020.

[19] 冷士良. 化工单元过程及操作 [M]. 北京：化学工业出版社, 2002.

[20] 胡小玲, 管萍. 化学分离原理与技术 [M]. 北京：化学工业出版社, 2008.

[21] 张柏钦, 王文选. 环境工程原理 [M]. 2版. 北京：化学工业出版社, 2010.

[22] 何品晶, 邵立明. 固体废物管理 [M]. 北京：高等教育出版社, 2004.

[23] 沈华. 固体废物资源化利用与处理处置 [M]. 北京：科学出版社, 2011.

[24] 马大猷. 噪声与振动控制工程手册 [M]. 北京：机械工业出版社, 2002.